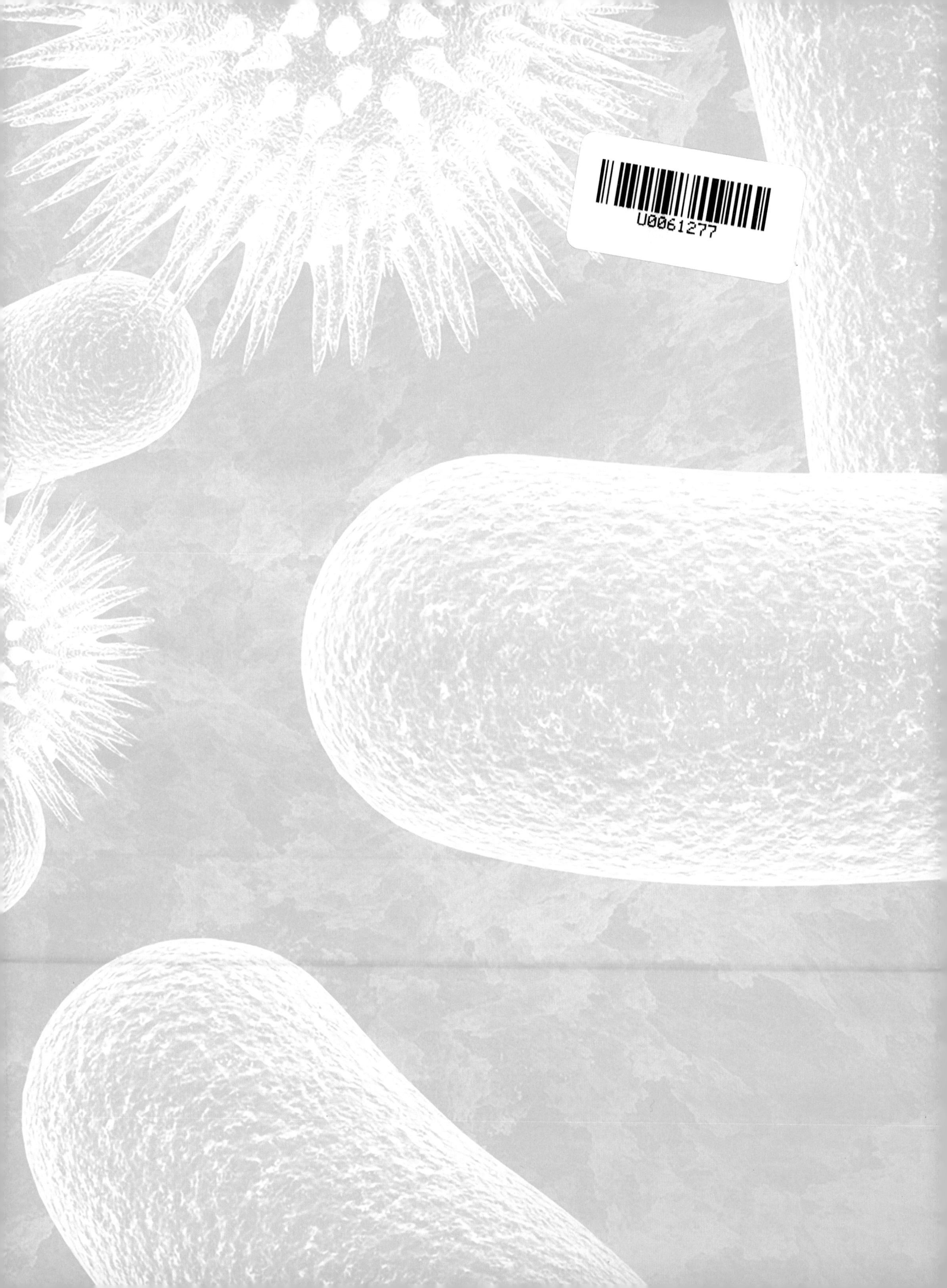
U0061277

我想知！圖解十萬個為什麼 科學篇

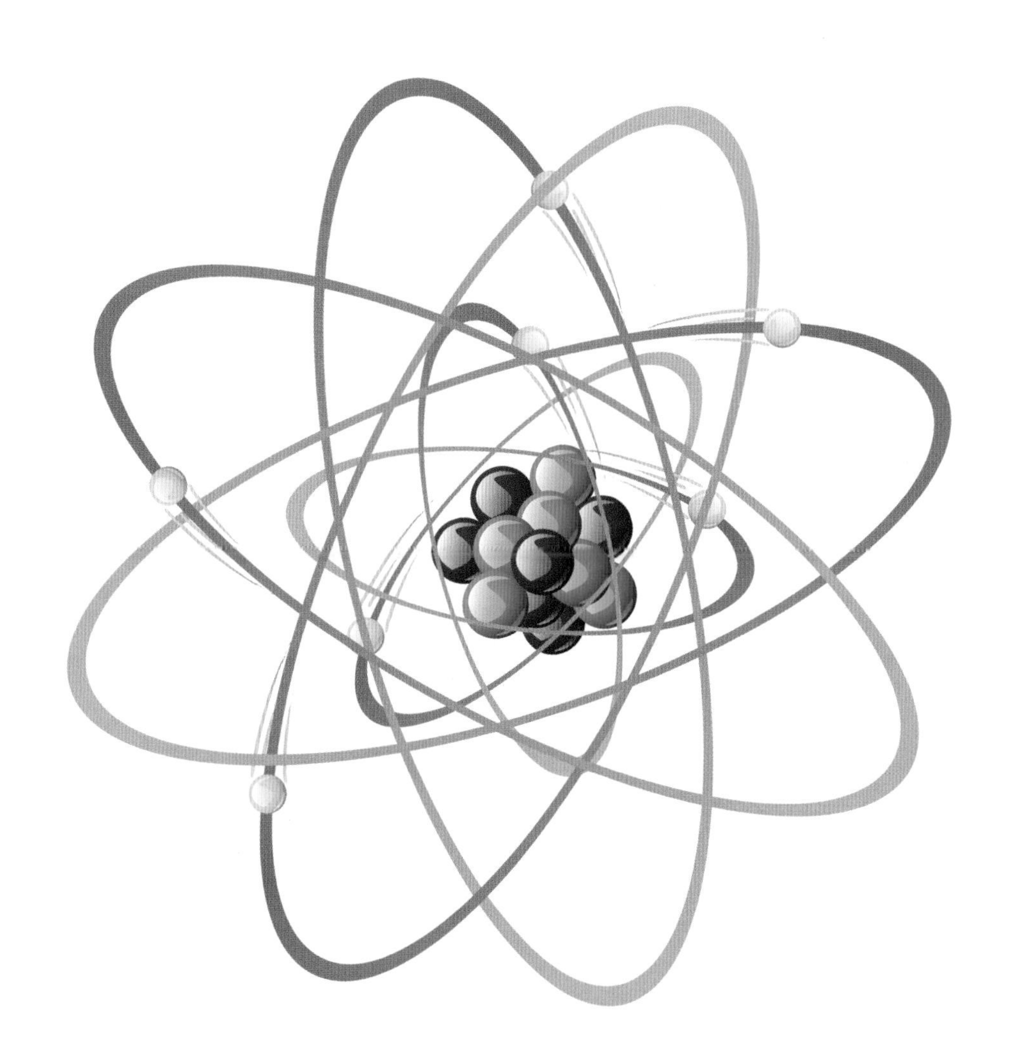

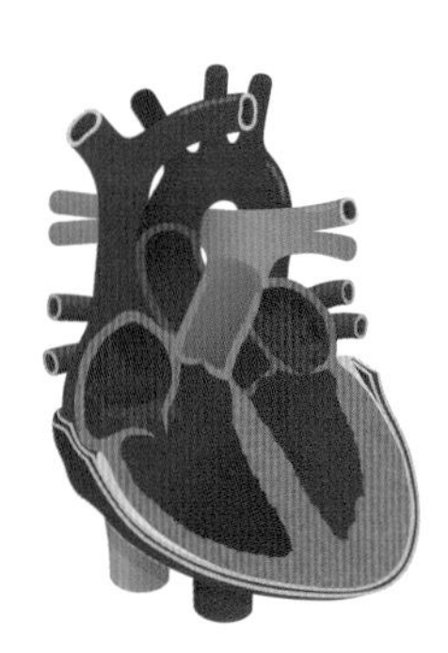

我想知！圖解十萬個為什麼 科學篇

愛蜜莉・陶德 著

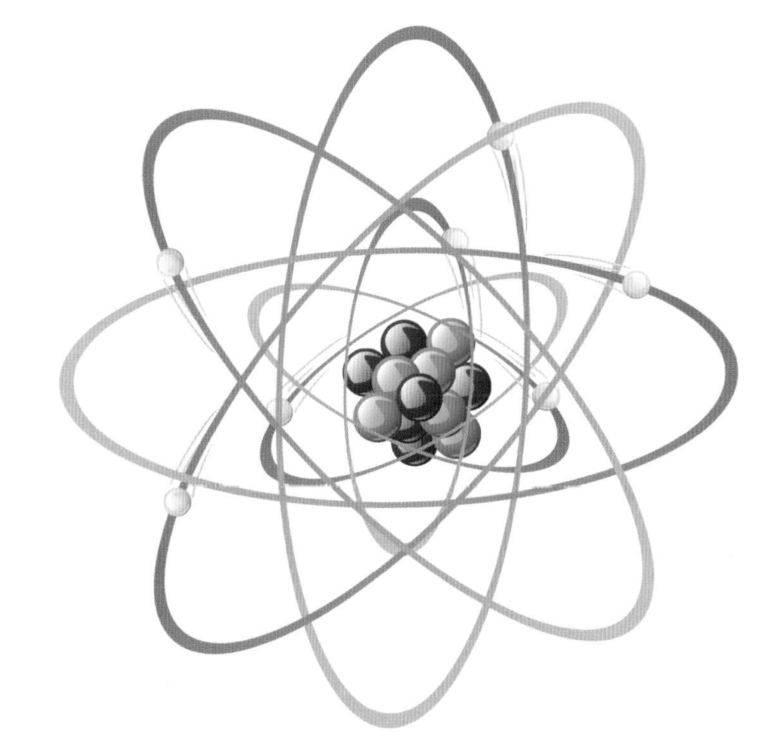

新雅文化事業有限公司
www.sunya.com.hk

新雅・知識館
我想知！圖解十萬個為什麼
（科學篇）
作者：愛蜜莉・陶德
（Emily Dodd）
翻譯：王燕参
責任編輯：林沛暘
美術設計：蔡學彰
出版：新雅文化事業有限公司
香港英皇道499號北角工業大廈18樓
電話：(852)2138 7998
傳真：(852)2597 4003
網址：http://www.sunya.com.hk
電郵：marketing@sunya.com.hk
發行：香港聯合書刊物流有限公司
香港荃灣德士古道220-248號荃灣工業中心16樓
電話：(852)2150 2100
傳真：(852)2407 3062
電郵：info@suplogistics.com.hk
版次：二〇二〇年七月初版
二〇二三年六月第三次印刷

ISBN:978-962-08-7487-1
Original title: *Why Is The Sky Blue?*

18/F, North Point Industrial Building, 499 King's Road, Hong Kong
Published in Hong Kong SAR, China
Printed in China

For the curious
www.dk.com

目錄

生物世界

我們的身體

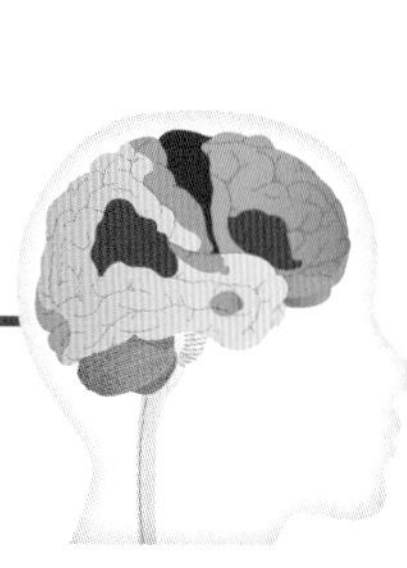

打開第25頁，找出我的
毛皮為什麼這麼柔軟。

物質世界

能量

力與運動

我們的星球

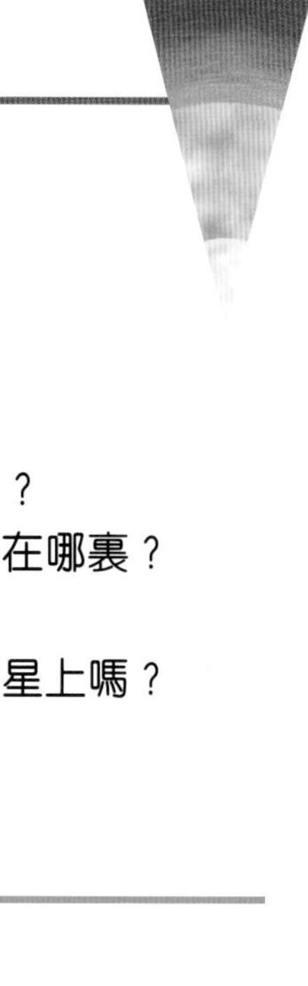

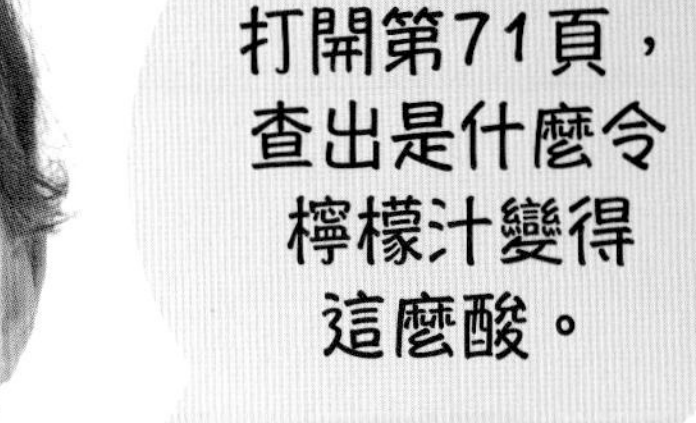

什麼是科學？

科學可以幫助我們解答問題。每當科學家有疑問時，便會透過尋找證據和做實驗來測試自己的想法，從而了解事物的運作方式及原理。科學可以分為3個主要範疇，包括化學、生物學和物理學。

生物世界

生物學是一門研究生物，以及他們周圍環境的學科。這學科包括了人類和動植物的生態、行為，他們如何生長，還有怎樣適應環境的變化。

科學幫助我們發明了很多新科技，從車輪到平板電腦的發明，統統都有。

力與運動

物理學是一門研究重力、磁、光、電、波、聲音、熱力、能量、力，以及物體是如何運動的學科。

物質世界

化學是一門研究事物是由什麼組成的學科，這學科會探討微小粒子（稱為原子）如何排列和改變來產生不同的物質。

科學有什麼用？

擴展知識

當科學家研究一些想法和做實驗時，便會發現關於他們周遭世界的新信息，人們可以利用這些信息提出更多新的想法和解釋。

解決問題

如果人們對事物的運作方式有深入了解，便可以發明新事物來幫助大家。例如當我們明白物體的運動，就能設計出更快的汽車。

對或錯？

1 化學是研究生物的學科。

2 科學家首次發明新事物時，這些新發明可能會不受歡迎。

請翻到第138頁查看答案。

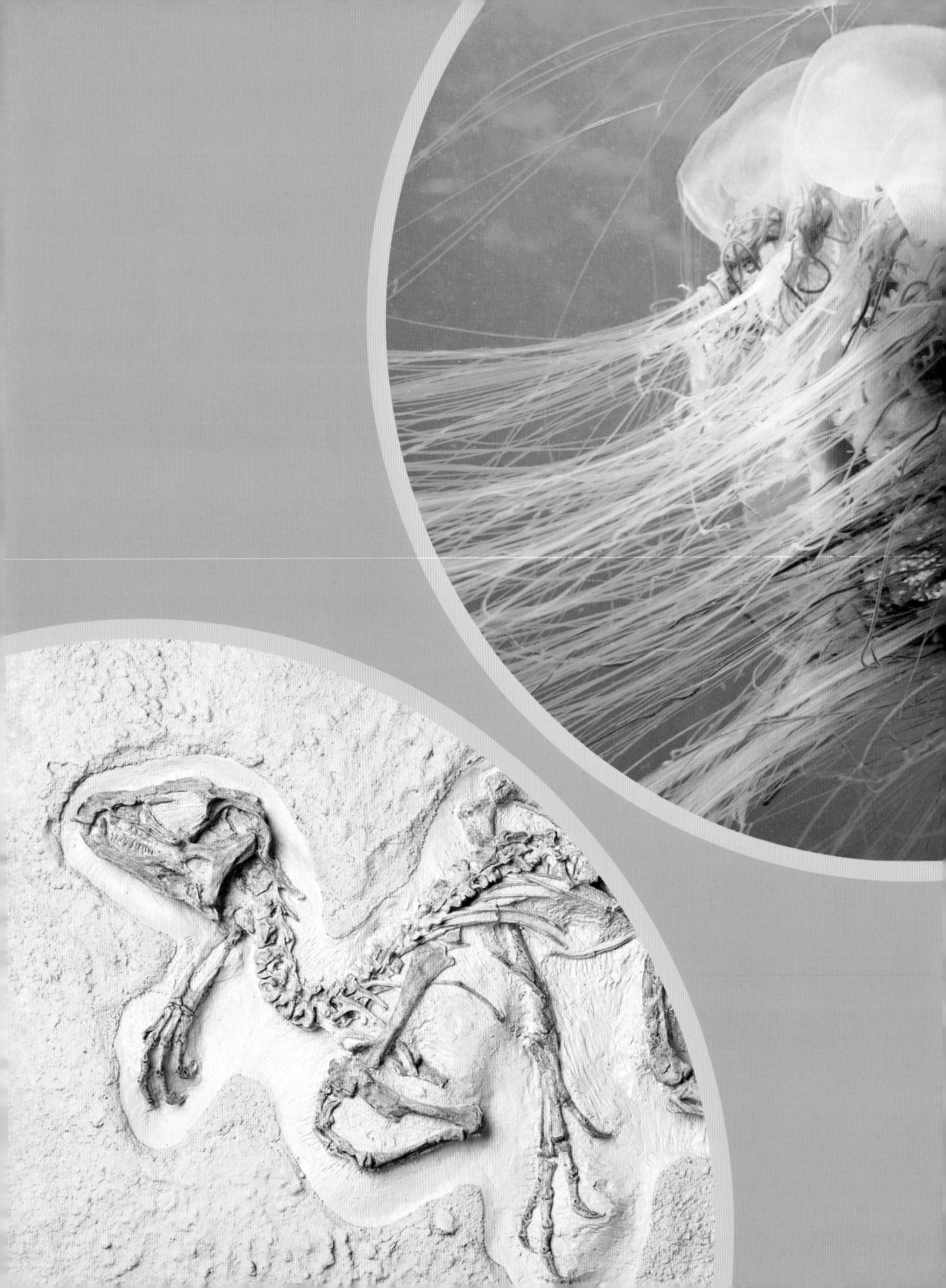

生物世界

我們的世界充滿了生命。從極微小的細菌到體形龐大的大象，大部分生物都需要食物和空氣才能夠在地球上存活。

生物需要什麼才能生存？

地球上所有生命都需要食物和水才能生存，不同種類的生物有不同的額外需求，例如植物需要光和氧氣、幾乎所有動物均需要氧氣。

氧氣

生物從空氣或水中吸入稱為氧的氣體，然後利用這些氧把食物轉化成能量，這叫做呼吸作用。

水

動植物主要是由水組成的，而且需要水才能存活。動物必須喝水，而植物則利用根部從泥土裏吸收水。

對或錯？

1 象龜是最長壽的動物。

2 水熊蟲可以在沒有空氣的太空中生存。

3 刺果松可生存達5000年。

請翻到第138頁查看答案。

地球上大約有870萬種不同類型的生物。

太陽的能量

大多數動植物都需要依靠太陽的熱來維持恒常的溫度。植物則需要太陽光來進行光合作用並製造食物。

棲身之所

動物需要棲身之所，以確保自己和年幼的下一代安全。這既能為牠們提供一個溫度合適的環境，又能躲避其他動物侵襲。

食物

生物需要食物才能生長、活動和繁殖。植物利用陽光在體內製造食物，而動物則以植物或其他動物為糧食。

哪些動物可以在惡劣的環境中生存？

水熊蟲

這種極微小的生物能在極端的溫度下生存。不管在深海還是冰冷的南極洲，甚至火山一帶，都曾發現水熊蟲的蹤跡。

鮟鱇魚

鮟鱇魚在深海中溫度極低的區域生活。在這種環境下，大多數動物都可能會被水壓壓扁。

什麼是動物？

動物是能夠呼吸、溝通、活動、繁殖後代，並且可以感知世界的生物。牠們會透過進食，來獲得能量。我們根據動物的相似程度，把牠們分為不同類別，好像部分有脊柱的，便歸類為脊椎動物。

兩棲類動物

兩棲類動物包括青蛙、蟾蜍和蠑螈。牠們可因應周圍環境來調節體溫，這稱為冷血動物。大多數兩棲類動物都可在水中，或是陸地上生活。

魚類

魚類是冷血動物，生活在水中，牠們從身體兩側的鰓噴出水來吸入氧氣。別忘了鯊魚也是魚類啊！

哺乳類動物

哺乳類動物能夠誕下活生生的寶寶，並用乳汁餵養牠們。牠們長有毛髮，屬溫血動物。人類就是哺乳類動物呢！

無脊椎動物

無脊椎動物是指沒有脊柱的動物，牠們跟這頁的其他動物不同類。在動物界中，有97%動物沒有脊柱，包括昆蟲、蜘蛛、螃蟹，以及像蝸牛這樣黏乎乎的動物。

鳥類

鳥類是唯一長有羽毛的動物，大多數鳥類都能夠飛翔。此外，鳥類是恆溫動物，會下蛋，骨頭輕，還長有喙和爪。

爬行類動物

爬行類動物是冷血動物，牠們有呈鱗狀的乾燥皮膚，有的背上還長有盾片或甲板。牠們通常會以下蛋的方式，來誕下寶寶。

所有生物都是動物嗎？

植物

植物不用吃東西，它們利用陽光進行光合作用，並以水和二氧化碳製造食物。

真菌

真菌包括菇類、黴菌和酵母，它們是介乎動物和植物之間的生物。

? 看圖小測驗

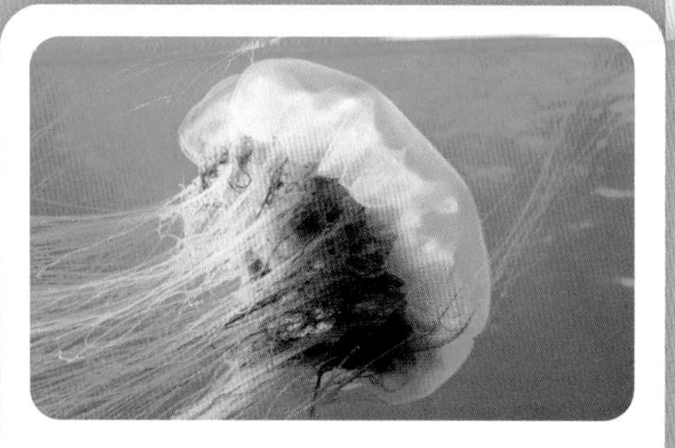

水母屬於哪一類生物？

請翻到第138頁查看答案。

細菌有多大？

所有生物都是由稱為細胞的微小單位組成。細菌僅有一個細胞，是地球上最小的生物——只有在顯微鏡下，才能看到它們。有些細菌對我們有益，但有些細菌則會使我們生病。

多種形態

大多數細菌都是3種不同形態中的其中一種：桿狀、球體或螺旋形，它們透過分裂成兩半來繁殖。

微生物

這張細菌照片是用顯微鏡拍攝的，這些微觀的生物稱為微生物。

除了細菌，還有什麼東西是微觀的？

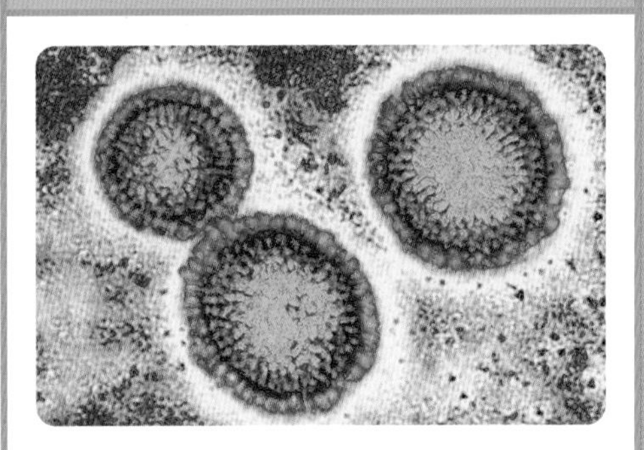

病毒

病毒比細菌還要小，但它不是生物。它會寄居在生物的細胞內，繁殖時，便會從細胞爆出來，然後傳播開去。

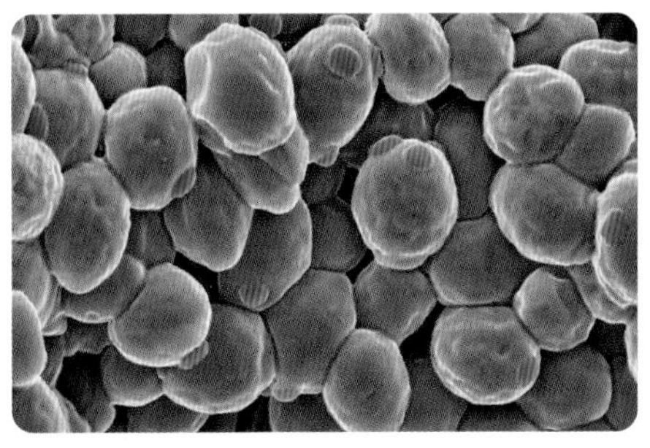

真菌

有些真菌是微生物，例如酵母就是單細胞真菌。它會吸取糖，並釋出氣體，因此我們可利用它來使麪包發酵。

微生物有多微小？

與人類的頭髮粗幼比較，下圖中的黃點表示細菌的大小。1根頭髮的闊度足以容納20粒細菌呢！

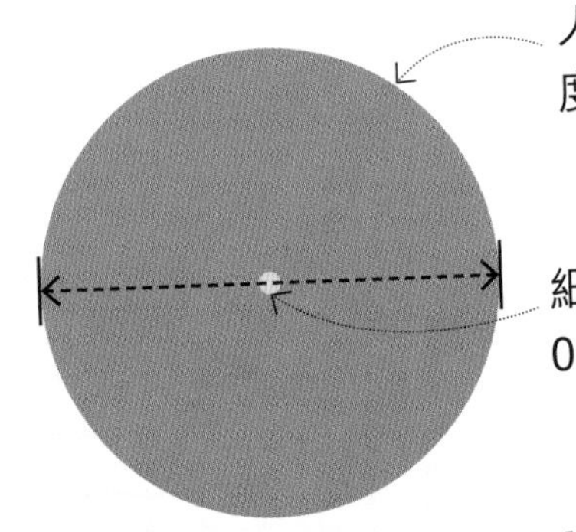

比較細菌的闊度與人類頭髮的闊度

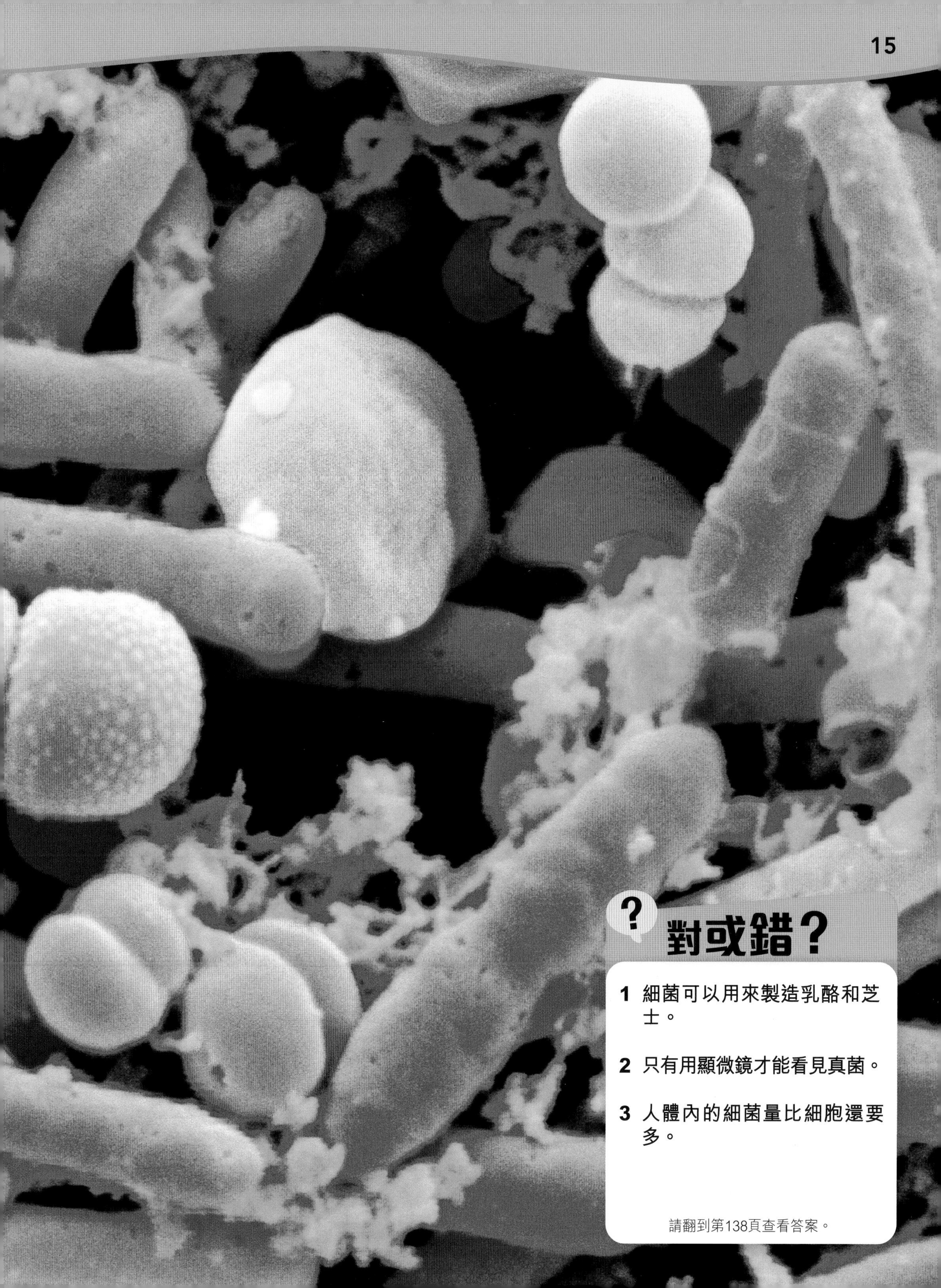

對或錯？

1 細菌可以用來製造乳酪和芝士。

2 只有用顯微鏡才能看見真菌。

3 人體內的細菌量比細胞還要多。

請翻到第138頁查看答案。

植物是如何生長？

植物的生長從種子開始。種子就像個小包裹，裹面包含着植物在適當條件下生長所需的一切。植物會利用儲存在種子內的能量來發芽和生長。

幼芽

幼芽會向上生長，裹面已藏着兩片最先長出的葉子。

種子

種子的外殼稱為種皮，有保護作用。在合適的溫度和潮濕的環境下，種皮便會裂開。

根

根會向下生長，以幫助植物固定，還會從泥土裹吸收水和養分。

光合作用

植物吸收陽光、水和一種叫二氧化碳的氣體，然後利用這些東西製造糖，這稱為葡萄糖。葡萄糖能為植物提供食物，以及生長所需的能量。進行光合作用後，植物便會釋出生物所需的氧氣。

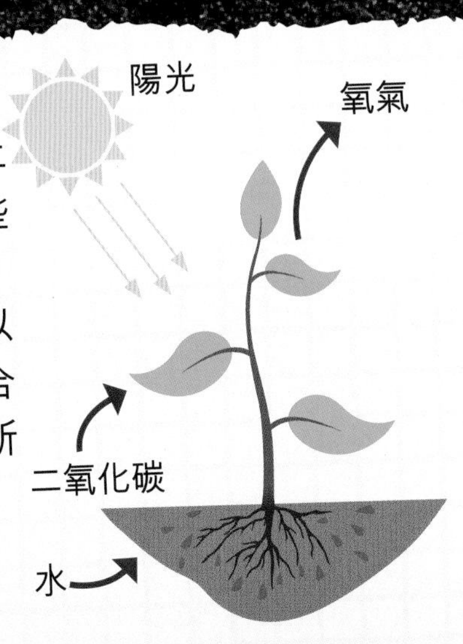

植物的能量循環

有一種叫葉綠素的化學物質會吸收來自太陽的光能，它使葉子看起來是綠色的。

對或錯？

1 種子在開始生長前可以留在土壤中數年。

2 大多數植物可在沒有陽光的情況下生長。

3 蒲公英依靠風力傳播種子。

請翻到第138頁查看答案。

向上生長

莖利用葉子產生的能量向上生長，並把水從地下帶到植物其他部分。

最先長出的葉子

葉子展開來吸收陽光，以製造食物，這些食物能為植物生長提供能量。

根

植物的根會向外和向下生長，這有助植物牢牢固定好，以及從泥土裏吸收植物所需的水分和其他東西。

植物如何傳播種子？

自力傳播

一些植物的種子藏在豆莢中，當豆莢爆開時，種子便會向各個方向散播開去。

風力傳播

一些種子非常輕，像在空中飄浮的羽毛，這就可以隨風傳播到其他地方。

水力傳播

很多種子可在水中漂浮，這就可以沿着水流漂到其他地方。如左圖所示，椰子會在海中漂浮。

如何使東西變得有黏性？

大自然裏有很多不同的方法，可以使東西變得有黏性。有時是用鈎、吸盤或毛髮黏住東西，有時則會用黏乎乎的液體或黏液來黏住東西。有些植物就是透過分泌液體，來捕捉落在它們身上的昆蟲。

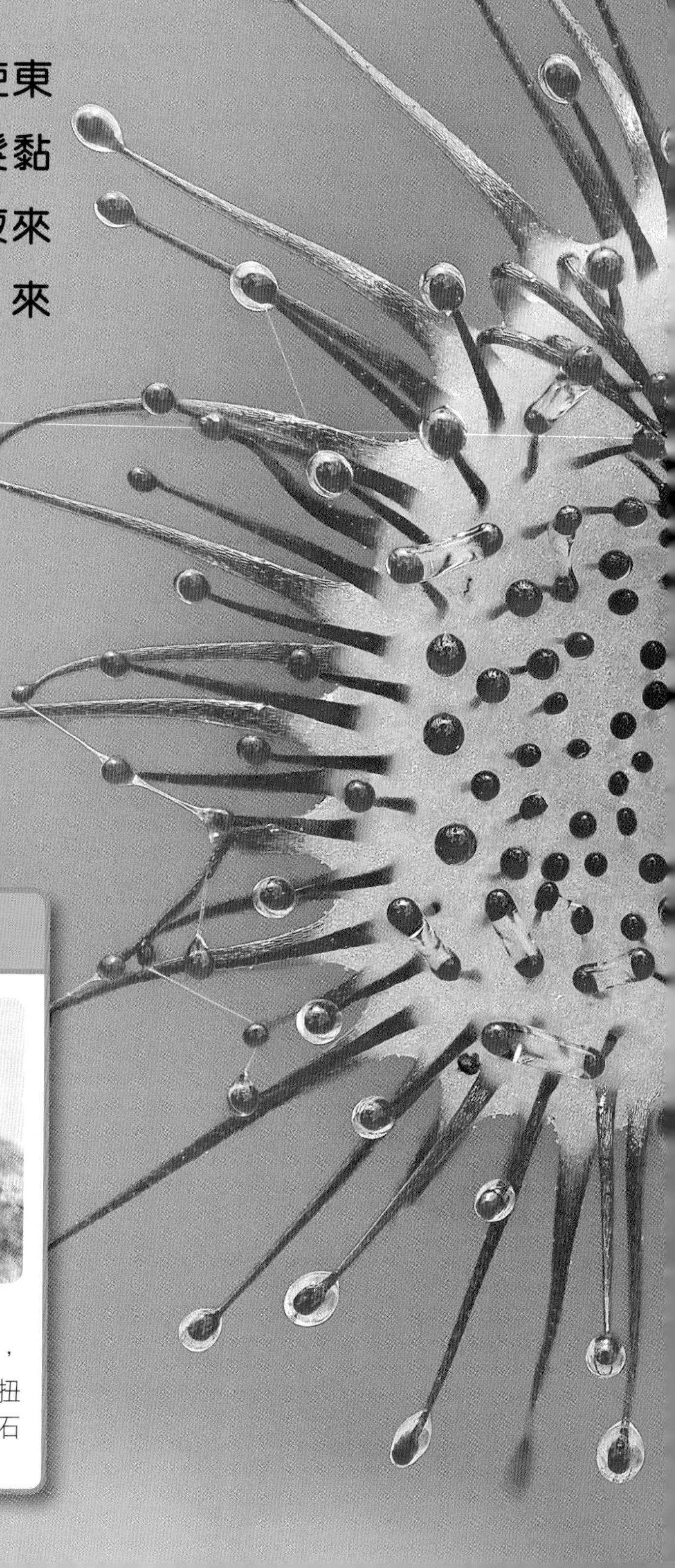

帶黏性的末端

放大來看，毛髮似的觸毛末端有一團甜甜的黏液。它散發出來的氣味，可以把昆蟲吸引過來。

還可以怎樣黏住東西？

毛刺

一些植物的種子有芒刺，可鈎住動物的毛皮來傳播。這些種子會隨着動物四處走動，掉落到不同的地方。

帽貝

帽貝利用黏液和強力的腹足，緊緊附在岩石上。牠們還會扭動和磨蝕岩石，讓自己與岩石完美地黏合起來。

魔術貼

魔術貼是人造物料，兩邊分別是鉤和環，能把東西黏合起來並再次分開，發明者喬治·德曼斯特哈（George de Mestral）見毛刺上的芒刺鉤在小狗的外套上，因而受到啟發。

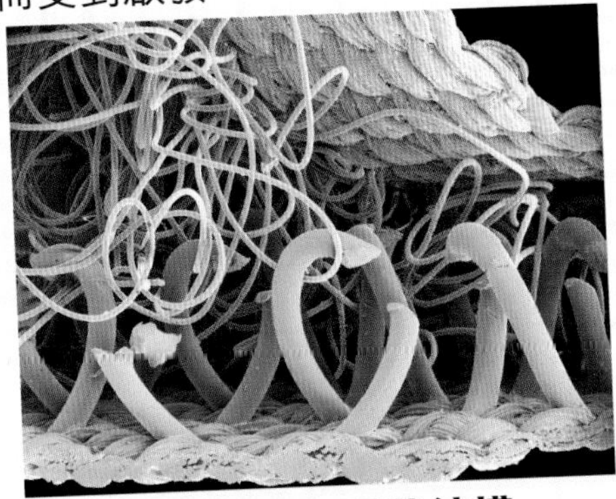

鉤狀結構和環狀結構

假扮花瓣

毛氈苔那黏乎乎的葉子看起來好像花瓣，誘使昆蟲飛過來後黏住牠。

? 對或錯？

1 有些植物會產生黏液來誘捕昆蟲。

2 帽貝利用身上的鉤來緊貼在岩石上。

3 蜘蛛腳上長有一團團黏液，幫助牠們爬上牆壁。

請翻到第138頁查看答案。

蜘蛛是昆蟲嗎？

蜘蛛與昆蟲不同。蜘蛛有8隻腳，而昆蟲有6隻腳。蜘蛛的身體分為兩部分，而昆蟲的身體則分為3部分。蜘蛛與蠍子、蜱蟲和蟎相關，牠們一起組成了蜘蛛綱這組動物。

眼睛

大多數蜘蛛都有4雙眼睛，分別散布在頭頂的四周，讓牠們可以從各個方位看到是否有危險。

身體

蜘蛛的身體分為兩部分。一部分由頭和胸相連組成，另一部分是腹。

昆蟲與蜘蛛

昆蟲和蜘蛛之間的主要區別在於身體分節、腳和翅膀。

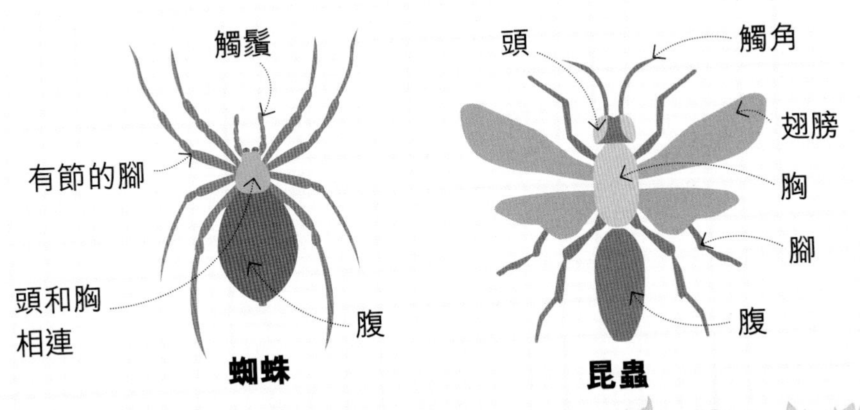

腳

蜘蛛有8隻有節的腳，每邊有4隻。牠們腳上的毛髮就像耳朵一樣，能察覺到細微的移動。

蜘蛛為什麼要吐絲？

製造卵囊

雌性蜘蛛會用絲織牀，並在上面產多達數百顆卵。產卵後會用絲包好，再把這卵囊掛在安全的地方。

製造蜘蛛網

蜘蛛會吐絲來製造帶黏性的網，以捕捉獵物。牠們還會用絲包住被困的昆蟲，待稍後才吃掉。

對或錯？

1 有些品種的蜘蛛長有翅膀。

2 所有蜘蛛都能吐絲。

3 蜘蛛和昆蟲都具有保護外殼，稱為外骨骼。

請翻到第138頁查看答案。

羽毛有什麼用途？

雀鳥用羽毛來保暖，隱藏自己或嚇退敵人，甚至用來炫耀！羽毛輕而結實，結合在一起可形成堅固的表面，幫助雀鳥飛行。

羽枝

羽毛有細小的分支，稱為羽枝。羽枝互相扣住，形成平滑的表面，使雀鳥可以飛行。雀鳥會用喙來整理羽枝，使它們重新扣好。

身體羽毛

雀鳥身上有柔軟、蓬鬆又短小的羽毛，這稱為絨羽。絨羽可困住空氣，使牠們保持溫暖。

雀鳥的羽毛還有什麼用途？

保護色

很多雀鳥的羽毛與周圍的環境融為一體，以躲避捕獵牠們的動物。左圖中這隻美洲麻鷺與牠居住的沼澤顏色同樣是啡色。

展示

一些雄性雀鳥會展示鮮豔多彩的羽毛來吸引雌性，例如孔雀。另外，一些雀鳥會鼓起羽毛來嚇退敵人。

羽毛是用什麼製成的？

羽毛由角蛋白構成，與構成指甲和動物的角物料相同。羽毛中間有一條結實的管，稱為羽軸，而柔軟的部分則叫羽片。

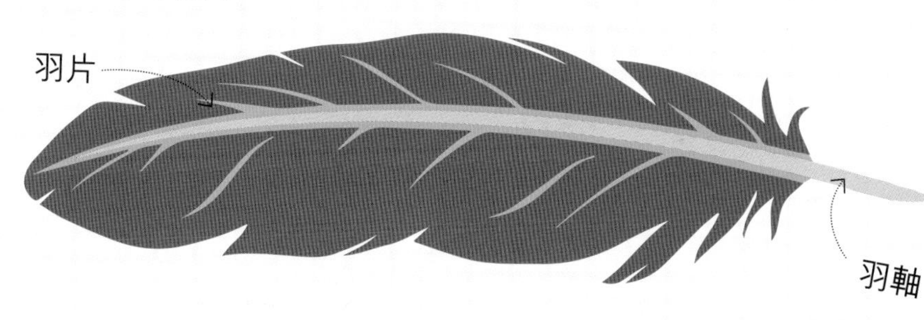

飛羽

每一根飛羽的形狀和長度都略有不同，它們結合起來的翅膀，便是最有利飛行的形態。

看圖小測驗

世界上最重的雀鳥並不會飛，牠是什麼？

請翻到第138頁查看答案。

升起

當飛羽把空氣向下推時，空氣便同時向上推，使雀鳥在空中升起。雀鳥也可利用空氣的流動，幫助牠們上升和滑翔。

尾羽

雀鳥飛行時會用尾羽來控制方向和保持平衡，着陸時則用它來減慢速度。

哪些動物有毛皮？

毛茸茸的動物稱為哺乳類動物，這是一組長有毛皮的溫血動物。而雌性哺乳類動物更能製造乳汁，以餵養牠們的幼兒。熊、蝙蝠、貓和羊，甚至人類都是哺乳類動物。我們身上的毛髮就是一層非常薄的毛皮！

鋒利的牙齒

獵豹是肉食性動物，這表示牠們會吃其他動物。牠們長有鋒利而尖銳的牙齒，以便把肉從骨頭上撕下來吃。

黑色斑點

每隻獵豹身上都獨特的斑點圖案，沒有兩隻獵豹的斑點圖案是完全一樣的。

不同季節的毛皮

一些哺乳類動物的毛皮會隨着時間而變化。在夏天，北極兔身上會長出又厚又黑的毛皮；在冬天，牠們會脱去深色毛皮，長出厚厚的白色毛皮。這種變化讓牠們終年維持着保護色，融入環境。

深色的夏天毛皮與岩石和植物融為一體。

白色的冬天毛皮與白雪融為一體。

靈敏的鬚

很多哺乳類動物都長有又硬又長的毛髮，稱為鬚。這些毛髮底部有感應器，能讓動物知道自己碰到了物體。

保護色

獵豹毛皮有斑點圖案，還有像沙一樣的顏色，有助牠們在捕捉獵物時把自己隱藏起來，這稱為保護色。

對或錯？

1 所有哺乳類動物都是住在陸地上。

2 爬行類動物身上也長有毛皮。

3 海獺的毛皮是所有動物中最厚的。

請翻到第138頁查看答案。

所有動物的毛皮都是一樣的嗎？

刺蝟

刺蝟長有堅硬而尖鋭的毛髮，稱為刺。牠們可以捲成一個刺球來保護自己，免遭危險。

龍貓

龍貓長有非常柔軟的毛皮，因為牠們每個毛囊至少長出60根毛髮。相比起人類，我們每個毛囊只長出1至3根毛髮。

鯨

鯨出生時，下巴和上顎會長着少量毛皮，看來有點像鬍鬚。但出生後不久，這些毛皮就會脫落。

獅子吃什麼？

獅子能夠捕捉和食用很多不同的動物。像獅子這樣狩獵的動物稱為捕食者，而牠們獵食的動物則稱為獵物。獅子在食物鏈的頂層，因為沒有其他動物能追捕牠們。

食物鏈

食物鏈顯示了能量究竟何去何從：獅子吃掉斑馬獲得能量，斑馬吃草獲得能量，草從太陽獲得能量。獅子需要整個食物鏈才能生存，缺一不可。

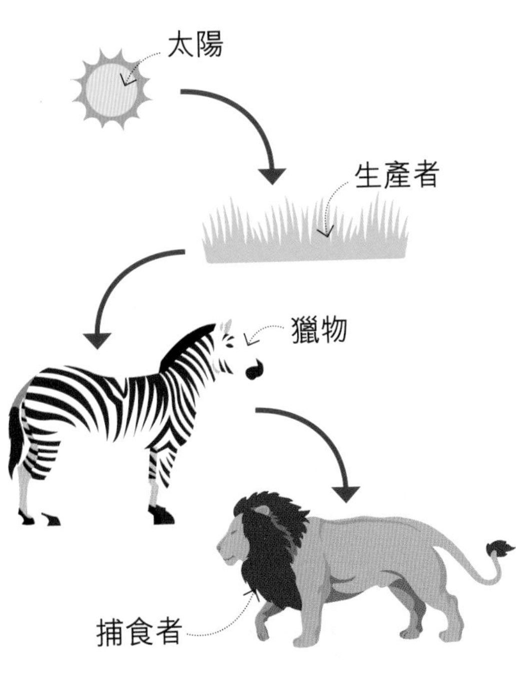

獅子在食物鏈的頂層。

為什麼獅子能成為優秀的狩獵者？

鋒利牙齒和粗糙舌頭

獅子的牙齒鋒利，有助撕開獵物。牠們那粗糙的舌頭上還覆蓋着細小的刺，可以把肉從骨頭上刮下來。

強壯的爪和腳掌

獅子有鋒利的爪和強壯的腳掌，有助牠們捉住獵物。那隻腳掌有如碟子那麼大呢！而且獅子腹部的皮膚鬆散，可以保護牠們免受有蹄動物（如斑馬）的腳踢。

逃跑

獅子主要吃跟自己差不多大小，或體形比自己大的動物。牠們特別喜歡獵食年幼、年老或是受了傷的動物，因為這些動物較容易捕捉。

追趕獵物

獅子往往會成羣結隊去捕食，而且大部分狩獵都是由雌獅負責。捕獵時，通常由一隻獅子追趕獵物，一路把獵物趕向其他獅子。

對或錯？

1 雄獅負責大部分狩獵。

2 獅子每天睡15至20個小時。

3 有野生獅子住在澳洲。

請翻到第138頁查看答案。

蝴蝶是如何生長？

蝴蝶從爬行移動的毛蟲變成色彩繽紛又優雅，而且會飛的昆蟲，真是驚人的轉變呢！這種改變形態和結構的過程叫做變態。

卵

雌性蝴蝶會產下小小的卵，黏在葉子上面。不同品種的蝴蝶產下的卵形狀各不相同。

青蛙的生命周期

蝴蝶並不是唯一經歷變態過程的動物：青蛙從卵變成魚一般的蝌蚪，然後逐步長出後肢和前肢，到最後失去尾巴，成為青蛙。

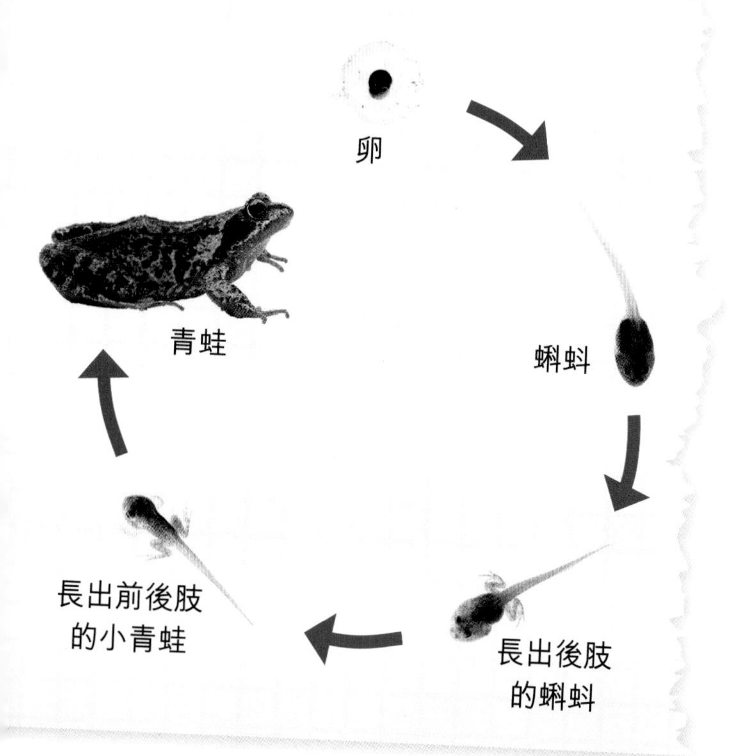

破蛹而出

蝴蝶剛破蛹而出時，牠們的翅膀既柔軟又濕潤。這時蝴蝶必須展開翅膀，把它晾乾後才能飛行。

毛蟲

毛蟲從卵孵化出來後，會先吃掉卵黏住的葉子，然後吃更多同類型植物的葉子。牠們需要吃大量葉子，才能長大。

蛹

毛蟲完全長大後，便會黏住葉子或樹枝，並形成一層堅硬的外殼包圍自己。這外殼稱為蛹，毛蟲會在蛹內產生變化。

蝴蝶

成年蝴蝶有美麗的色彩，並且能夠飛行。雄性和雌性的蝴蝶會交配，再產下新的卵。

蝴蝶有什麼特別的特徵？

舌頭

蝴蝶的舌頭很長，就像吸管一樣。牠們會用舌頭啜飲花朵中一種含糖的液體，那就是花蜜。

翅膀上的「眼睛」

一些蝴蝶的翅膀上長有眼狀斑點，這種圖案能騙過那些想吃掉蝴蝶的動物，讓牠們去攻擊翅膀而不是身體。

對或錯？

1 毛蟲透過蛻皮來長大。

2 蛹通常是綠色或啡色，讓它與周圍的植物融為一體。

3 蝴蝶可以用腳來吃東西。

4 蝴蝶翅膀上的花紋是由不同顏色的鱗片組成。

請翻到第138頁查看答案。

為什麼北極熊不會結冰？

適應是指動物擁有一些特徵，使牠們適合在自己居住的環境生活。就像北極熊，牠們能夠適應在北極嚴寒的地區生活。

眼睛

北極熊有一雙額外的透明眼皮，讓牠們閉上眼皮時仍能看見水底的東西。這雙眼皮在暴風雪中同樣有用！

鼻子

北極熊擁有驚人的嗅覺，這對尋找食物大有幫助。牠們甚至可以聞到在14公里外有一隻海豹！

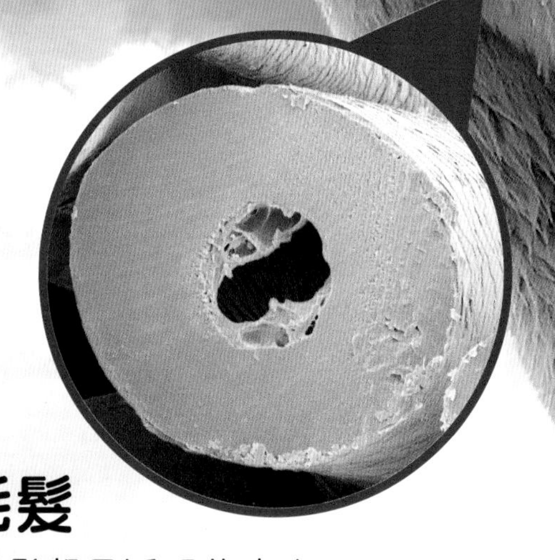

空心的毛髮

北極熊每根毛髮都是透明的空心管，讓陽光可以穿過毛髮，照射到北極熊黑色的皮膚上，而黑色皮膚有助吸收熱力。

查理斯．達爾文

查理斯．達爾文發現動物在數百萬年以來逐漸變化，令自己更適應居住環境，這些變化稱為進化。

查理斯．達爾文

脂肪

北極熊的皮膚下有厚達10厘米的脂肪，讓牠們保持溫暖。

毛皮

北極熊長有一層較短的厚毛皮，能夠把空氣困住，以保持溫暖。而較長的毛髮則會黏在一起，在水中形成防水層。

哪些冰河時期的動物絕種了？

愛爾蘭麋鹿

當雪融化時，愛爾蘭麋鹿那巨大的鹿角可能會卡在草叢中，使其他動物更容易捕獵牠們。

長毛象

當天氣變得暖和，就會有更多人類獵殺長毛象，最終一隻不剩，這情況稱為絕種。

北極熊可以不歇息地游泳354公里。

爪

北極熊巨大的腳掌有如穿着雪靴一樣，方便牠們在滑溜溜的冰上走路。加上腳掌有點像蹼，有利游泳。

？對或錯？

1. 北極熊最喜歡的食物是企鵝。
2. 冰河時期的熊體形比北極熊還要大。
3. 北極熊住在南極。

請翻到第138頁查看答案。

被埋藏的寶藏

研究古生物的科學家找到恐龍化石後，會像拼拼圖一樣把化石拼湊起來。這樣他們就可以知道恐龍是什麼樣子，以及了解牠們的行為。

我們怎麼知道恐龍曾經存在？

恐龍死後，有時會被掩埋並擠壓，使牠們的骨頭最終變成稱為化石的石頭。除了恐龍化石外，還有動物的角、貝殼、植物、糞便和腳印，都證明恐龍曾經存在。

考考你

1 為什麼化石非常罕見？

2 昆蟲會被困在樹液中變成化石嗎？

3 古生物學家怎樣稱呼恐龍糞便的化石？

請翻到第138頁查看答案。

化石是如何形成的？

如恐龍死去後迅速被掩埋，牠們堅硬的部分便會由礦物質取代，變成石頭，最終形成化石。在恐龍存在於地球的數百萬年後，我們在地底發現了牠們的化石。

恐龍死後很快被沙、灰燼或泥土掩埋。

一層層沙土壓着恐龍，使牠們堅硬的部分變成石頭。

石頭升起後逐漸磨蝕，使化石露了出來。

骨頭變成石頭

這隻恐龍堅硬的骨頭逐漸被礦物質和化學物質取代，已經變成了石頭。

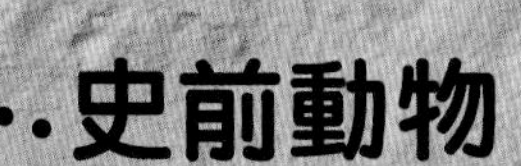

史前動物

恐龍早在6,500萬年前就已經絕種，但我們從恐龍化石留下的線索中，能夠了解很多關於牠們的知識。

恐龍還留下了什麼？

足跡

一些恐龍的腳印被埋在沙、灰燼或泥土下，就像骨頭那樣變成化石。

糞化石

石化了的恐龍糞便稱為糞化石。古生物學家透過研究糞化石，得知道恐龍吃什麼。

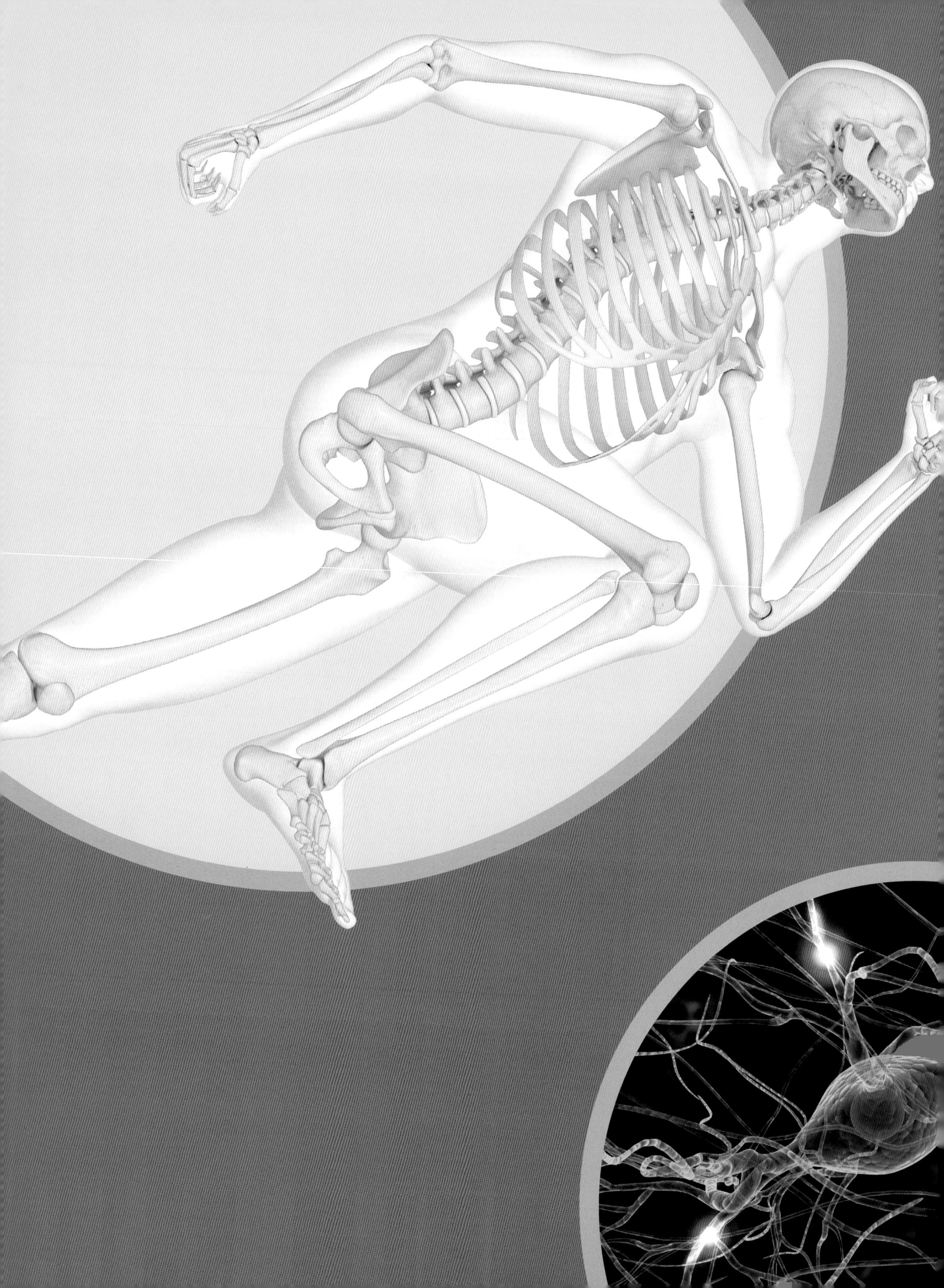

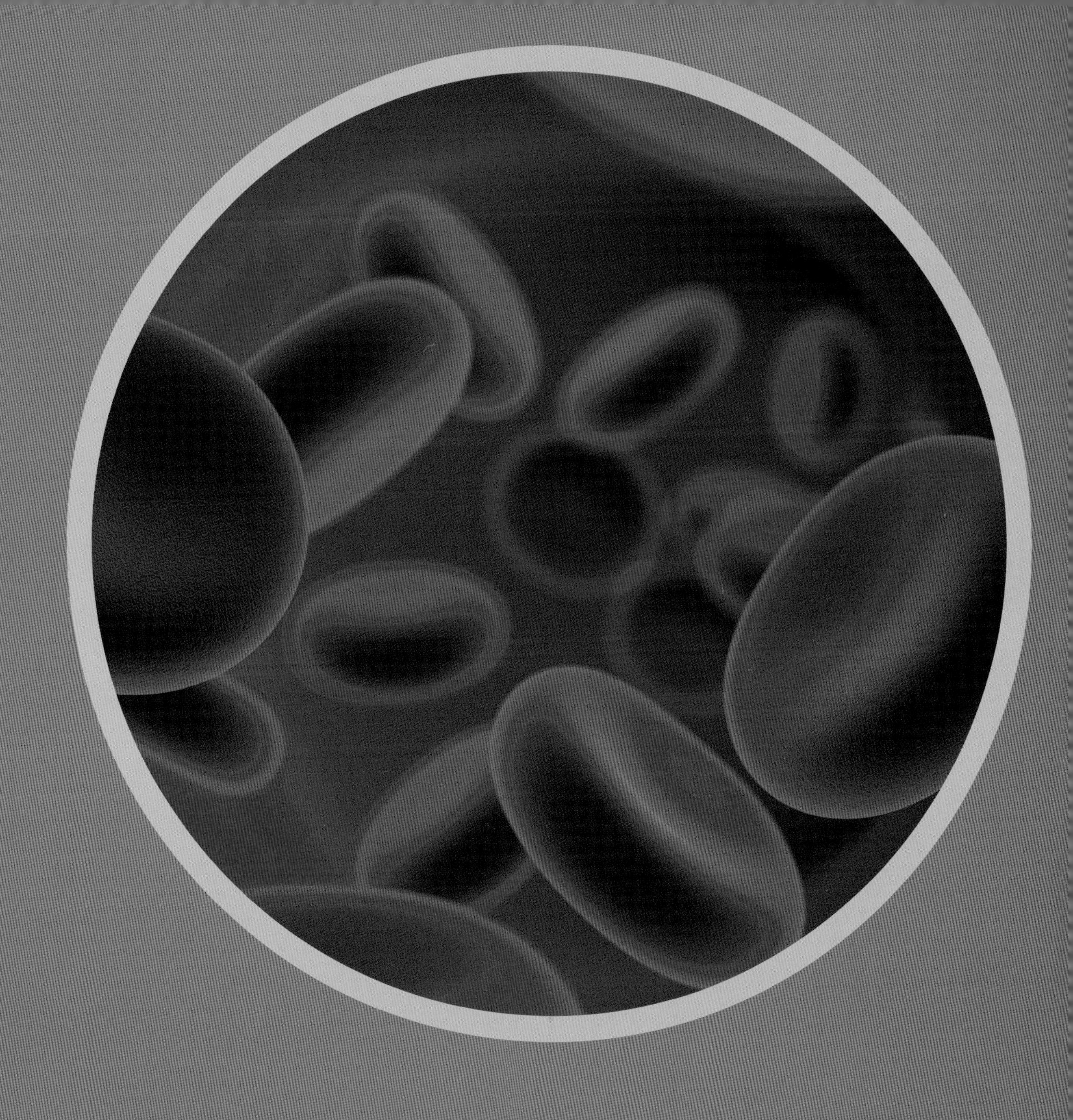

我們的身體

我們的身體由細胞、組織、器官和各個系統組成，每一部分都擔任着重要的工作，以維持我們日常的生活。

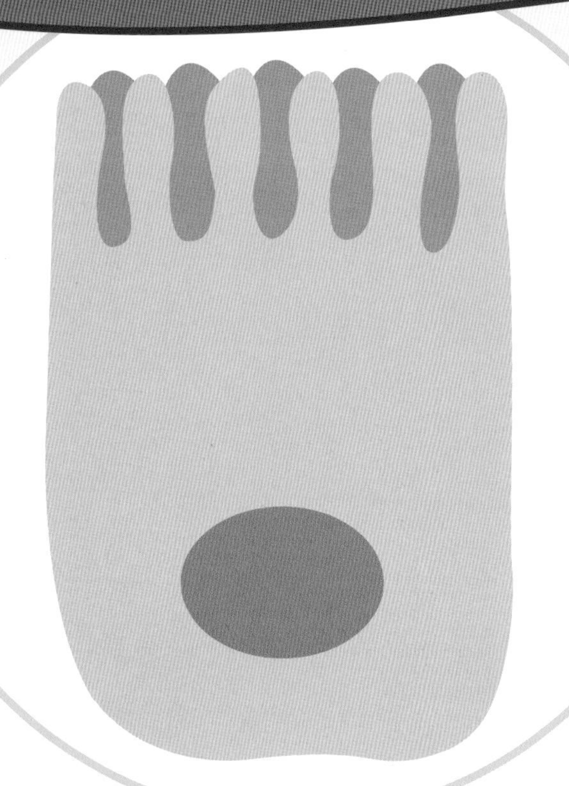

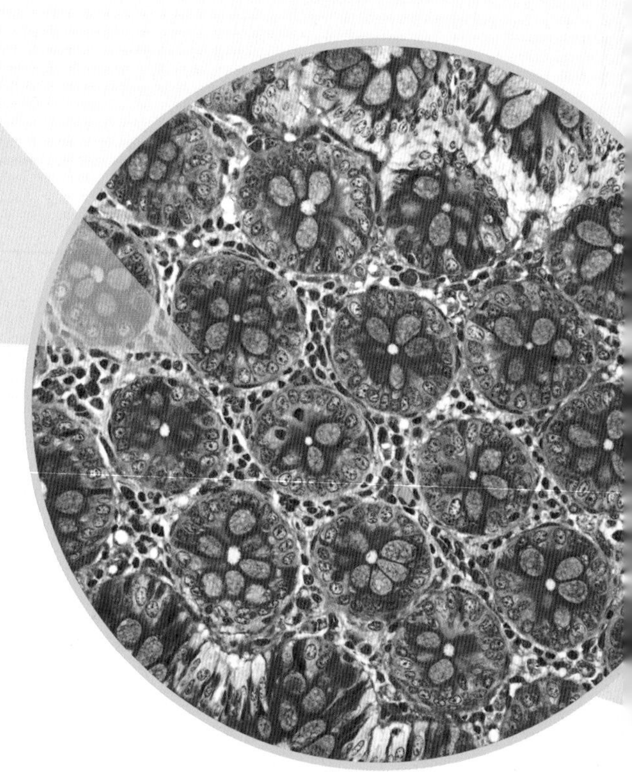

細胞

每種細胞根據它的工作，均有不同形狀和大小。腸道裏長有毛髮狀的纖毛，能吸收食物中的養分。

組織

細胞結合在一起，構成了不同類型的組織，不同類型的組織結合在一起，構成了不同的器官，例如由多種組織結合而成的小腸。

身體是由什麼組成？

微小的細胞組成我們不同的身體部位。大量細胞結合在一起，構成了組織。各個組織一起運作，會形成器官。器官聯繫起來，便組成系統。每個部分都有工作要做，以保持身體正常運作。

細胞有什麼工作要做？

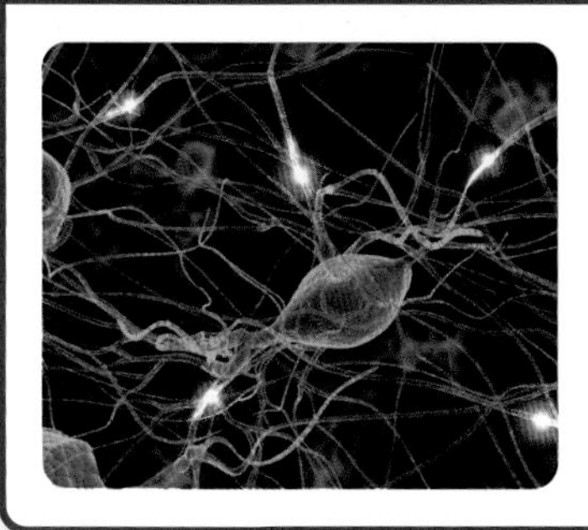

傳遞信號

神經或神經元細胞有很多分支。這些細胞連接起來，能夠把電子信號（即神經脈衝）從身體各個部位傳送到大腦。

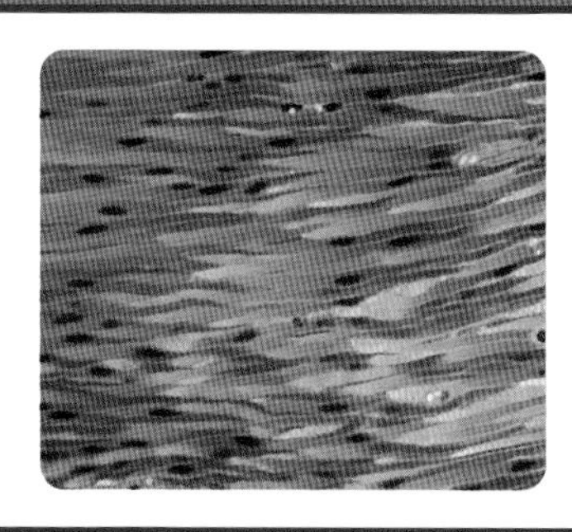

活動身體

長長的肌肉細胞可以耗用能量來收緊和變短，當這些細胞放鬆時又會變回原狀。透過這種方法，我們就可以活動身體，例如手臂和腳。

幹細胞可以按身體的需要，變成皮膚、肌肉或血液。

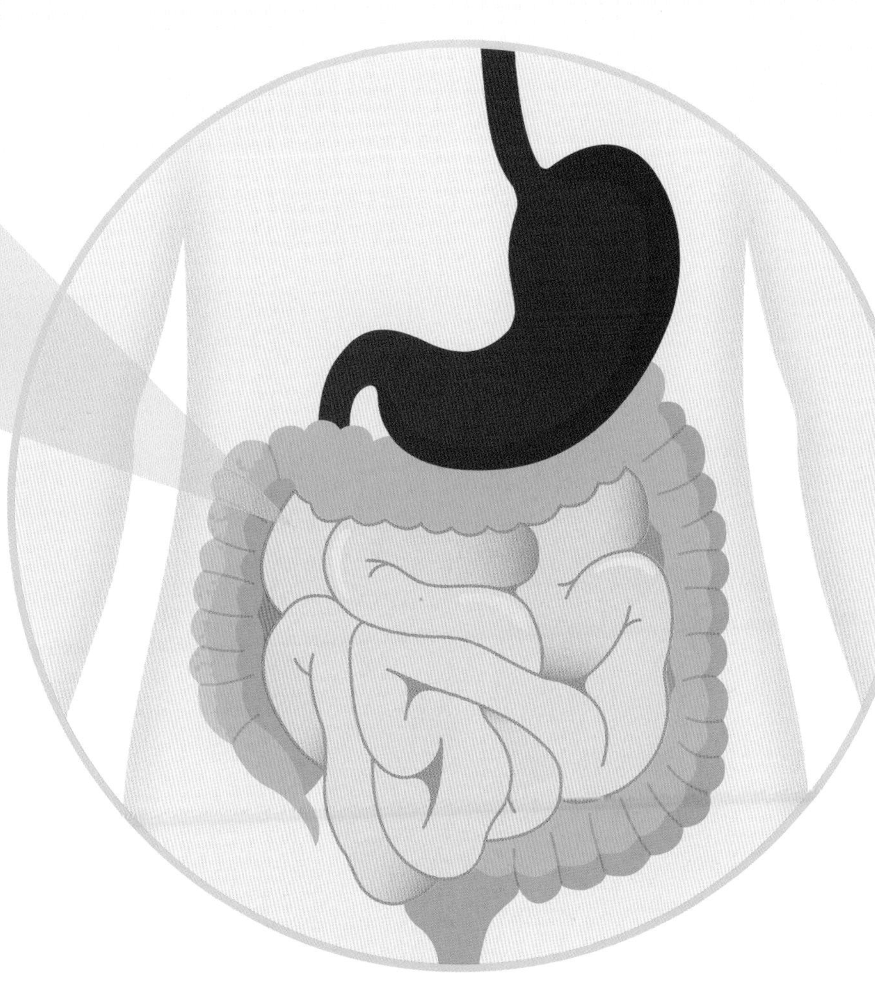

器官系統

一組器官在一起運作，就是系統。腸道屬於消化系統的一部分，這個系統包含所有處理食物的器官。

考考你

1 哪種細胞是圓環形，還可以攜帶氧氣？

2 哪個系統負責處理食物？

3 人體最重的器官是什麼？

4 除了人體外，植物也有細胞嗎？

請翻到第138頁查看答案。

皮膚有多大？

皮膚是身體的防水外層，也是人體最重的器官。它可以保護身體免受陽光直接照射，又能防止病菌入侵，並使我們保持適當的溫度。

皮膚的結構

我們的皮膚主要分成兩層：頂層是表皮；下層稱為真皮，毛髮就是從這裏長出來。皮膚下面的脂肪可作緩衝，讓我們免受撞擊的傷害。

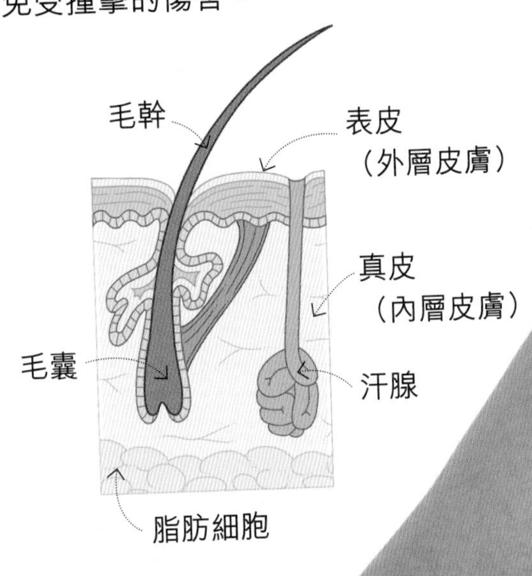

膚色

皮膚的顏色是來自一種稱為黑色素的化學物質。皮膚中的黑色素越多，皮膚的顏色便越深。

指紋

世界上每個人指尖的皮膚上都有獨一無二的旋渦狀紋理，這叫做指紋。

角蛋白

表皮細胞含有角蛋白，使皮膚更堅韌。我們也可從指甲或頭髮中找到角蛋白。

皮膚的類型

我們身體上不同部位的皮膚是不同的，例如手的皮膚比臉上的皮膚厚和堅韌。

我們的身體每天會剝落超過數百萬個死皮細胞！

人體還有什麼是由角蛋白構成的呢？

毛髮

皮膚的真皮層中有一個個稱為毛囊的孔，這些孔裏會長毛髮。除了手掌、腳底和嘴唇外，身體其他地方都會長出毛髮。

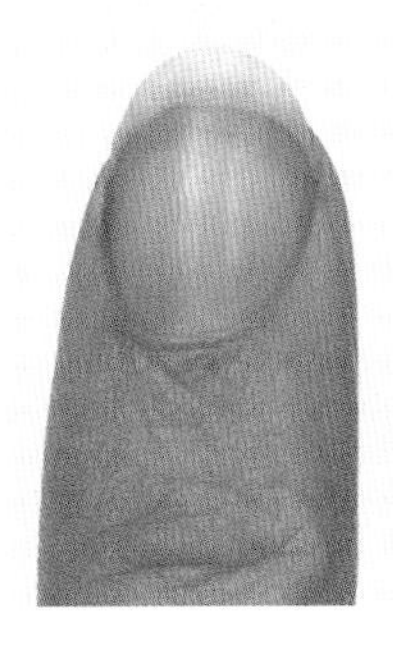

指甲

堅硬的指甲可以保護我們的手指和腳趾末端，還可以幫助我們用手指撿起物品或打開東西。

對或錯？

1 最薄的皮膚位於眼皮。

2 皮膚是防水的。

3 隨着年齡增長，皮膚的彈性會較以往少，使它皺起來和下垂。

請翻到第138頁查看答案。

骨頭有什麼用？

人體有206塊骨頭，這些骨頭形成了骨骼。有些骨頭可以活動，例如我們走路時用的腿骨。其他骨頭可以保護體內的器官，並支撐着我們的身體。

透視骨頭

堅硬的骨頭外層稱為緻密骨，下面是海綿骨，裏面含有骨髓。骨髓為身體供應血細胞。

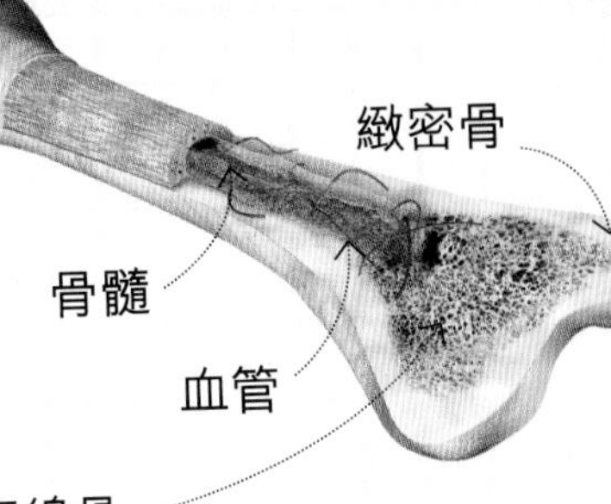

骨頭的橫切面

盆骨

盆骨是在我們臀部圍成一圈的骨頭，其中包括髖骨，它可以保護下半身的器官。

股骨

這是身體中最強壯、最重和最長的骨頭。股骨頂部呈球形，讓你的腳和臀部連接的地方可以轉動。

我們如何看到骨頭？

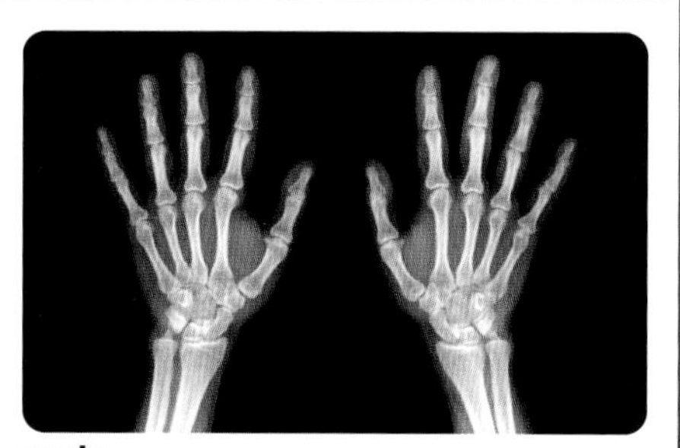

X光

醫生利用X光這種能量波照射我們的身體，X光能穿過皮膚和肌肉，但不能穿過骨頭，所以可以用來製作骨骼的圖像。

海綿骨

骨頭末端大多由海綿骨構成，這種骨頭內部有很多小孔，使它變得較輕。

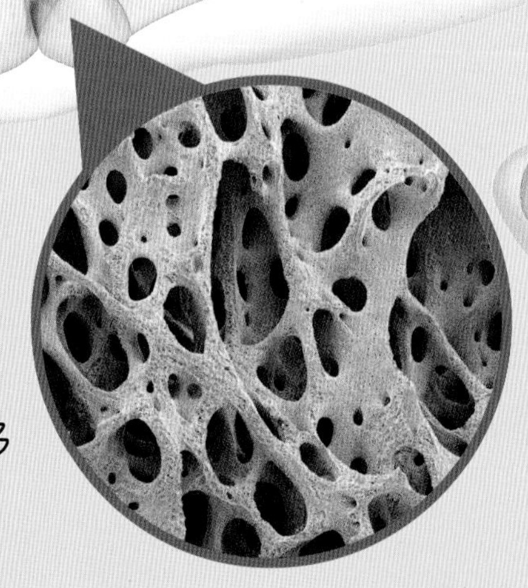

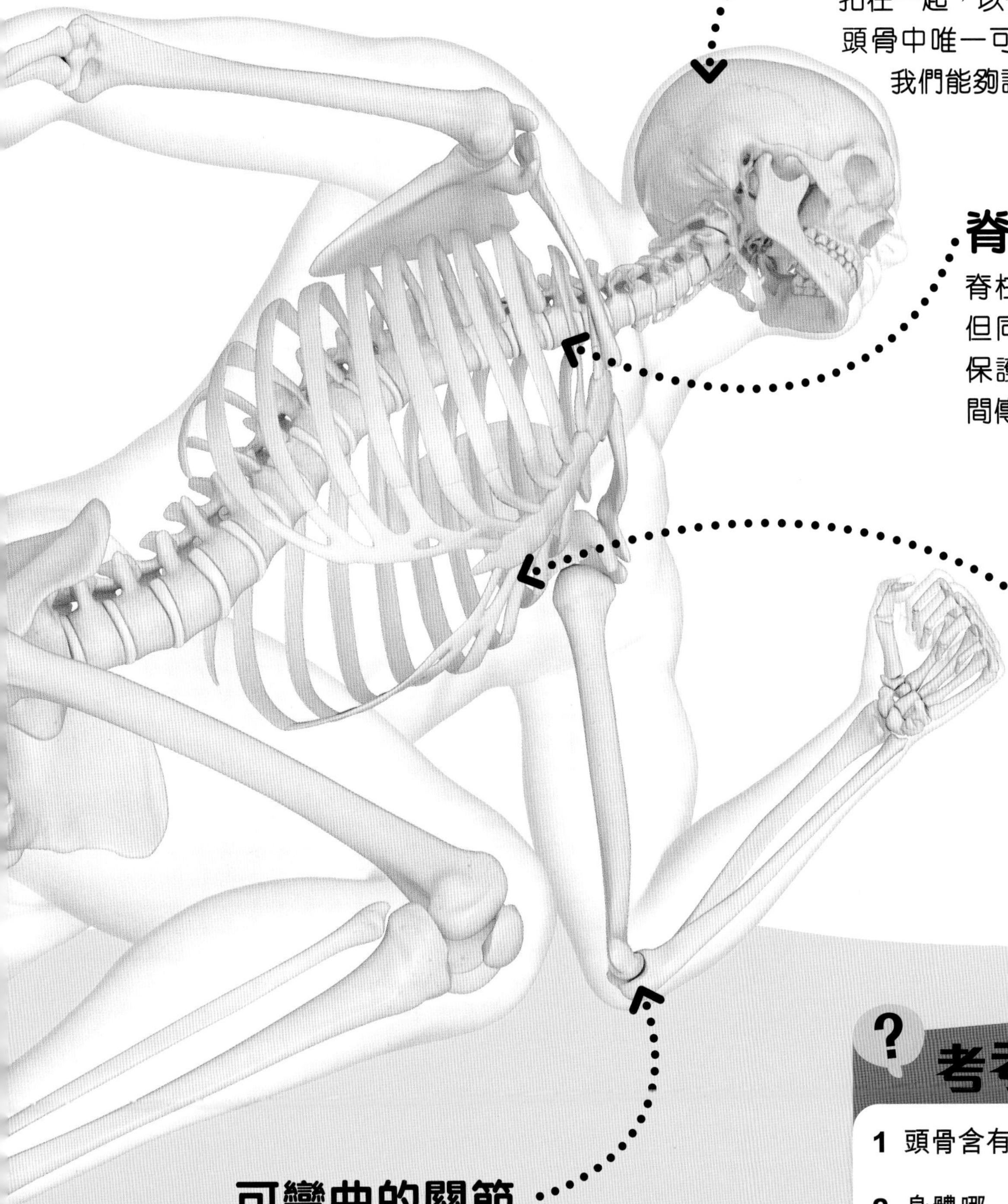

頭骨

頭骨含有22塊骨頭，這些骨頭緊扣在一起，以保護大腦。下顎骨是頭骨中唯一可以活動的骨頭，讓我們能夠說話和咀嚼。

脊柱

脊柱使我們保持直立，但同時可以活動，它還保護着在大腦和身體之間傳遞信號的神經。

肋骨

這個由骨頭組成的支架保護着柔軟的肺部和心臟。它還可以上下、內外伸展，有助肺部呼吸。

可彎曲的關節

關節是骨頭連接在一起的地方，這些關節讓我們可以彎曲或旋轉身體某些部位。

? 考考你

1 頭骨含有多少塊骨頭？

2 身體哪一個部位含有最多骨頭？

3 人體最小的骨頭在哪個身體部位？

請翻到第138頁查看答案。

我是如何活動？

我們的肌肉會分工合作，使身體不同部位可以活動起來。注意肌肉只能拉，不能推。例如一塊肌肉把身體某個部位往一邊拉，同時另一塊肌肉把它往另一邊拉。這些肌肉一組組地運作，我們就可以往不同的方向活動了。

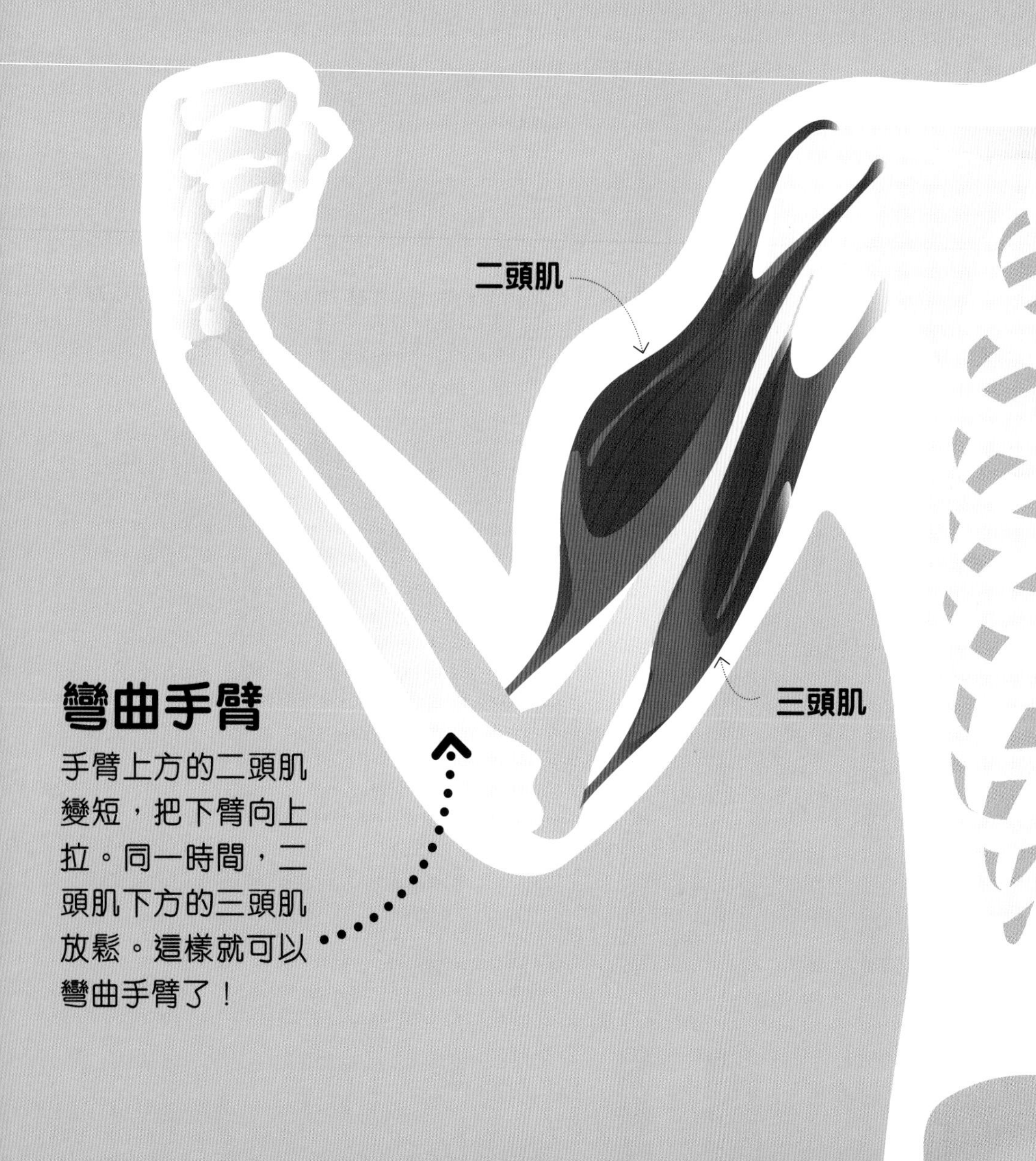

彎曲手臂

手臂上方的二頭肌變短，把下臂向上拉。同一時間，二頭肌下方的三頭肌放鬆。這樣就可以彎曲手臂了！

做運動會令你出現什麼變化？

更強壯的肌肉

做運動後，身體會製造新的肌肉纖維。這表示你越多使用肌肉，肌肉就會變得越大和越強壯！

更有持久力

如你有定期做運動，那就可以逐步加長做運動的時間。因為當你越多使用心臟和呼吸肌肉，它們就會變得越強壯。跑步、游泳和騎單車都可以鍛煉心臟和肺部。

對或錯？

1 我們身體中最大的肌肉位於臀部。

2 我們的二頭肌位於腿部上。

3 肌肉可以推或拉。

請翻到第138頁查看答案。

分工合作

肌肉與關節互相合作，使我們的身體可以四處走動。肌肉透過稱為肌腱的組織，與骨頭連接起來。

二頭肌

關節

關節是骨頭與骨頭相連的地方，讓你可以活動這些骨頭。關節裏有液體，有助骨頭活動得更暢順。

伸直手臂

手臂下方的三頭肌變短，把下臂向下拉。同一時間，手臂上方的二頭肌放鬆。這樣就可以伸直手臂了！

三頭肌

我是如何呼吸？

人們必須呼吸，才能夠存活。呼吸時，肌肉會幫助我們把空氣吸入和排出肺部。空氣透過鼻子和嘴巴進入人體，並沿着氣管向下推，進入肺部。

吸入空氣

吸氣時，空氣會進入肺部。

肋骨向外

當我們吸氣時，肋骨之間的肌肉會把肋骨向上和向外拉。

透視肺部

肺部就像大大的海綿袋，裏面布滿了一條條管，每條管末端都有稱為肺泡的小氣囊。肺泡會把氧氣從肺部轉移到血液中。

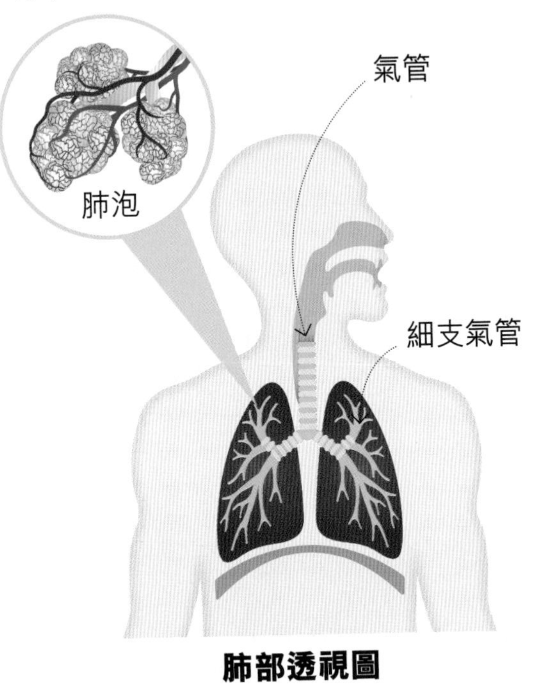

肺部透視圖

橫膈膜向下

橫膈膜是一塊肌肉，它可以向下拉，讓肺部擴張。

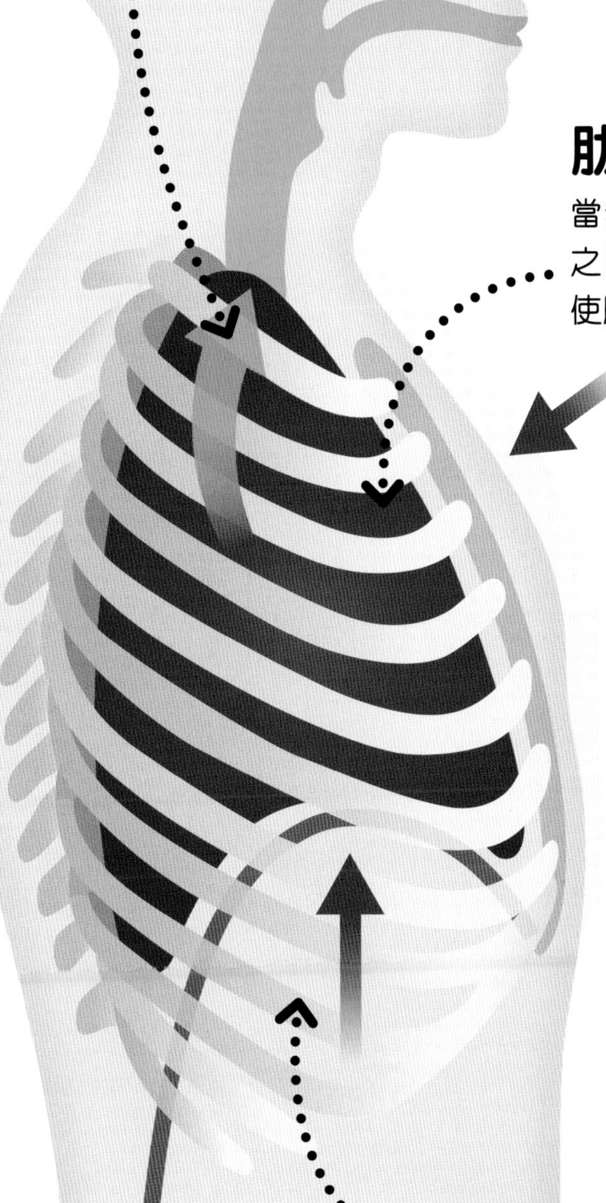

排出空氣

呼氣時，空氣會離開肺部。

肋骨放鬆

當我們呼氣時，肋骨之間的肌肉會放鬆，使肋骨向內移動。

橫膈膜向上

橫膈膜放鬆時會把空氣向上推，然後離開肺部。

動物在水中如何呼吸？

氣孔

在水中，鯨和海豚會屏住氣。牠們必須游到水面，利用頭頂上的「氣孔」來呼吸。

鰓

像上圖中的鯊魚一樣，魚類能把水吸進口中，並通過叫做鰓的器官，從水中吸入所需的氧氣。

? 考考你

1 我們需要的氧氣來自哪裏？

2 我們一天要呼吸多少次？

3 把氧氣從肺部轉移到血液的組織叫什麼？

請翻到第138頁查看答案。

為什麼血液可以流動？

心臟是主要由肌肉組成的器官，大小跟拳頭差不多。它就像一個泵，每分鐘可以把血液擠入和擠出約80次，使血液在全身流動。如果心臟停止跳動，身體便會立即停止運作。

不含氧氣的血液經肺動脈流入肺部。

血液的流動

血液會在人體中不斷循環流動，它流經肺部收集氧氣，然後返回心臟，接着由心臟把氧氣泵到全身。

血細胞會做什麼？

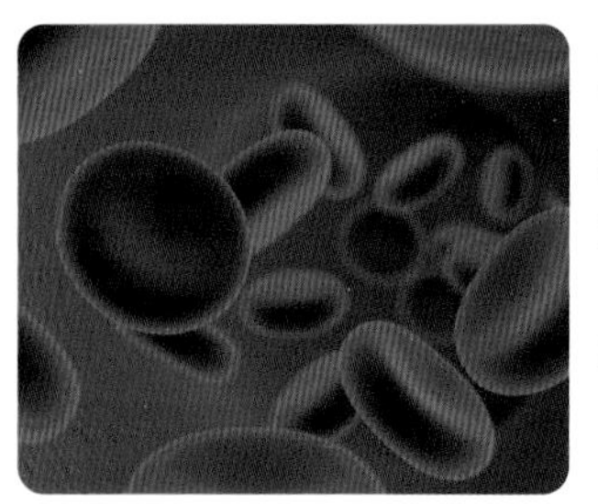

輸送氣體

紅血球攜帶着氧氣，運送到全身。此外，它們也會攜帶二氧化碳這種廢氣。

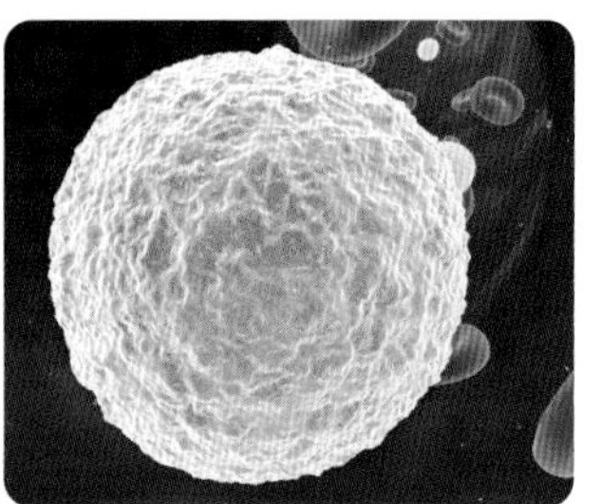

對抗病菌

白血球會透過包圍病菌和改變自身的形狀來抵禦它們的入侵，必要時也會生產抗體來消滅它們。

靜脈

血液會通過稱為靜脈的管道，從身體返回心臟。除了肺靜脈，流經靜脈的血液不再攜帶氧氣。

血液攜帶着氧氣，輸送到身體各部分。

血液只需少於60秒的時間，便可在人體內循環一圈。

循環系統

心臟和血管屬於循環系統，而血管就是把血液連接到身體各部分的管道。血液可以攜帶着水、氣體、糖和熱量，在身體裏流動。

靜脈和動脈由微絲血管連接起來。

心臟把血液泵送至整個循環系統。

已輸送氧氣到身體各部分的血液會經靜脈返回心臟。

含氧的血液會經動脈由心臟流向身體各部分。

動脈

血液會通過稱為動脈的管道，從心臟被泵到身體各部分。除了肺動脈，流經的血液會攜帶氧氣。

瓣膜

心臟內部有些小門，叫做瓣膜。瓣膜只會向一個方向開啟，因此血液只能往同一方向流動。

心肌

心肌是由心臟肌肉構成，這種特殊的組織只能在心臟裏找到。

圖例

含有氧氣

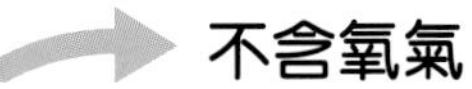
不含氧氣

? 對或錯?

1 血液和海水一樣鹹。

2 血細胞是在肺部裏製造的。

3 流入肺部的血液不含氧氣。

4 心臟有4個瓣膜。

請翻到第138頁查看答案。

我吃的食物去了哪裏？

我們吃下去的食物，會在身體裏展開旅程：食物經咀嚼後，會沿着位於喉嚨的食道向下移動至胃，並在胃中給胃酸分解。然後它會流經腸道，營養被腸道吸收後，最後剩餘的固體食物殘渣（即糞便！）會被排出體外。

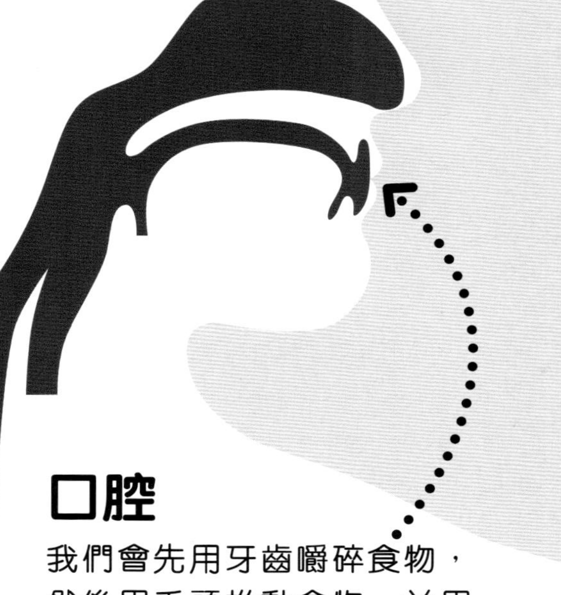

口腔

我們會先用牙齒嚼碎食物，然後用舌頭推動食物，並用唾液來分解它。

食道

當我們吞嚥時，食物會沿着食道這條管道向下流動，然後進入胃。

胃

胃就像個柔軟的袋，可以加入液態的化學物質，把食物分解成小塊。胃還會攪拌食物，把它弄成糊狀的液體。

考考你

1 腸道是如何移動食物的？

2 什麼食物能使我們快速釋放出能量，但吃得太多可能會對身體有害？

3 食物從進入到離開我們的身體，大約需要多少時間？

4 食物途經的器官組成了什麼系統？

請翻到第138頁查看答案。

大腸

身體不需要的食物殘渣會進入大腸，並在那裏等待我們把這些沒有用的糞便排出體外。

小腸

糊狀的食物液體離開胃後，會流入小腸。在這裏，食物中對身體有益的養分會穿過腸壁，進入血液。

透視小腸

小腸的腸壁上有很多彎彎曲曲的皺褶，這是為了增加腸壁的面積，讓我們能更有效地吸收食物並攝取養分。此外，小腸裏還有毛髮般的絨毛，這些細小的絨毛也會吸收養分，然後轉移至血液中。

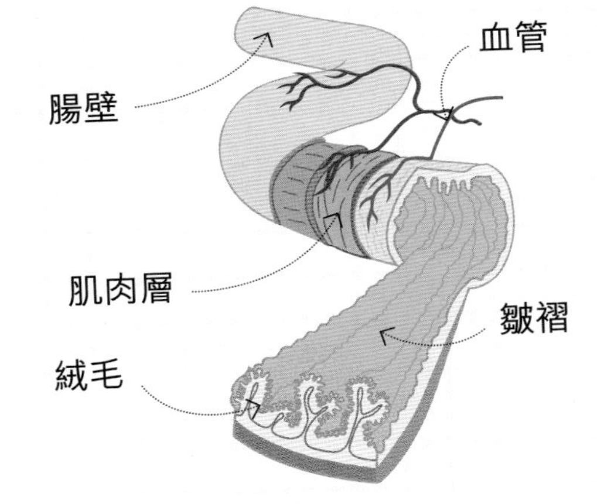

小腸剖視圖

食物如何幫助我們的身體？

蛋白質

我們可從肉類、魚類、豆類、堅果和蛋中攝取蛋白質，這有助我們成長和修復身體。

碳水化合物

我們可以從粉麪、馬鈴薯、米飯和麪包中攝取碳水化合物，這為我們的身體提供所需的能量。

水果和蔬菜

水果和蔬菜含有幫助我們消化食物的纖維，以及維他命和礦物質，使我們的身體可以正常運作。

是什麼控制我的身體？

大腦是身體的控制中心，它透過微小的神經組成網絡，與感官連接起來。飢餓、口渴等信號也是沿着神經傳遞。每當我們走動、呼吸或思考，代表大腦都在運作。

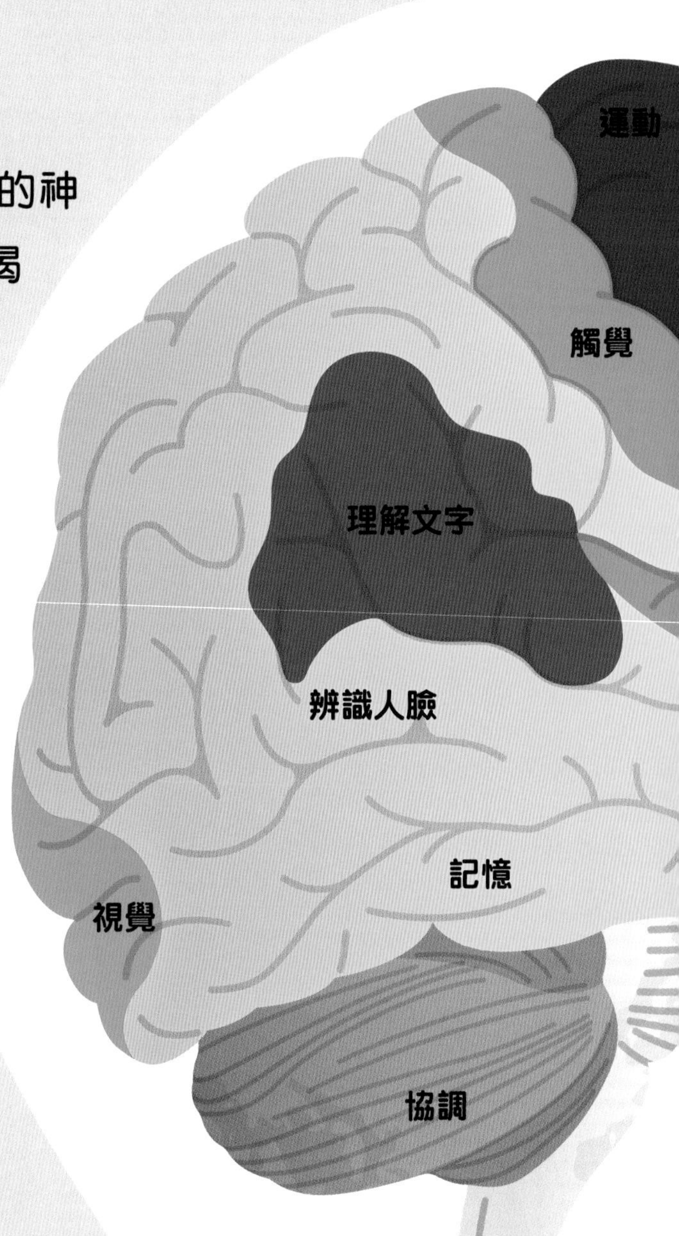

大腦如何與身體連接？

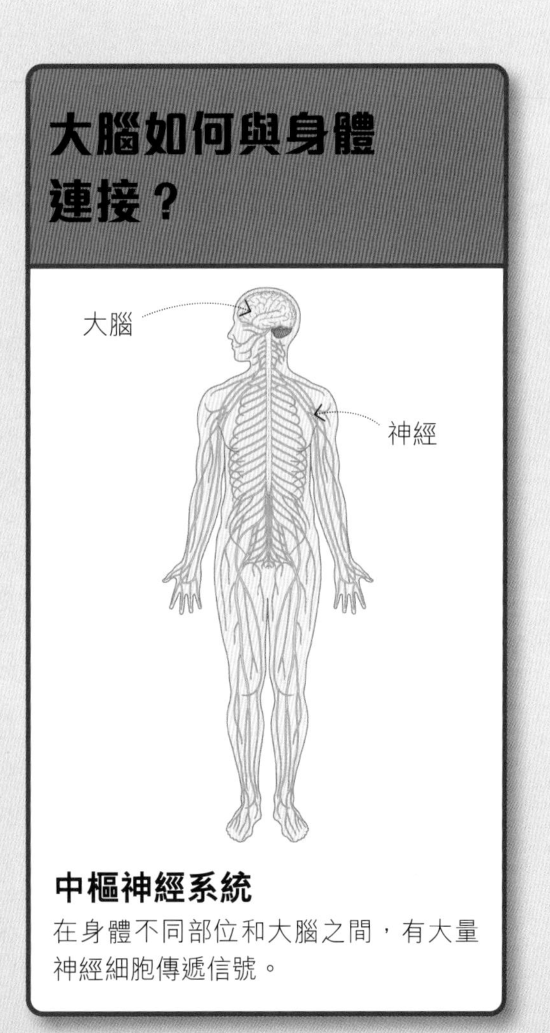

中樞神經系統
在身體不同部位和大腦之間，有大量神經細胞傳遞信號。

腦幹

腦幹負責傳遞來自不同感官的信號，以及告訴你身體要活動的信號。

各司其職

大腦各個區域均負責人體內不同的工作，這些區域會把信號傳送到身體各部位。

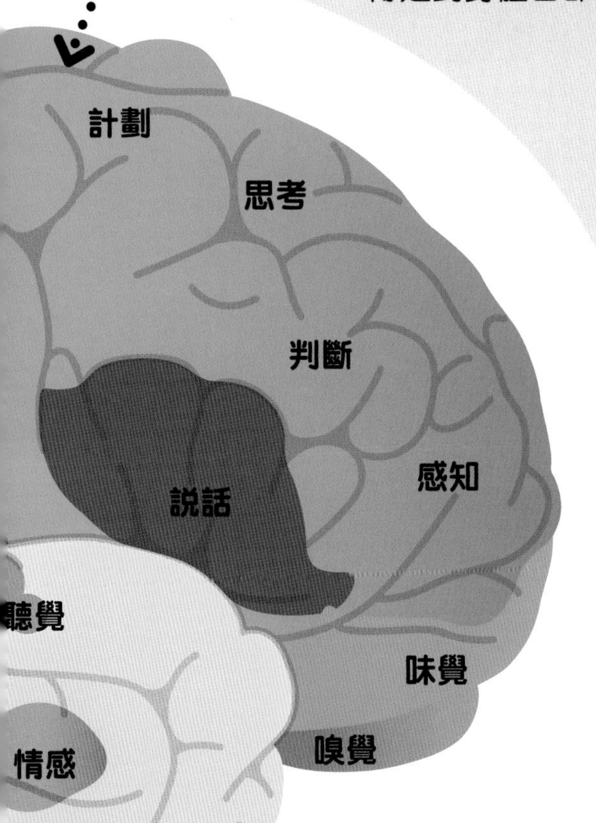

大腦半球

大腦兩邊分別稱為大腦右半球和大腦左半球：右半球控制身體的左側，左半球則控制身體的右側。

圖例

- 感官
- 思想
- 語言
- 運動
- 對世界的認識
- 情感
- 協調

神經細胞

訊息會以電子信號（即神經脈衝）的形式，沿着樹突傳送到神經末梢，再釋放出化學物質來傳到下一個神經元。

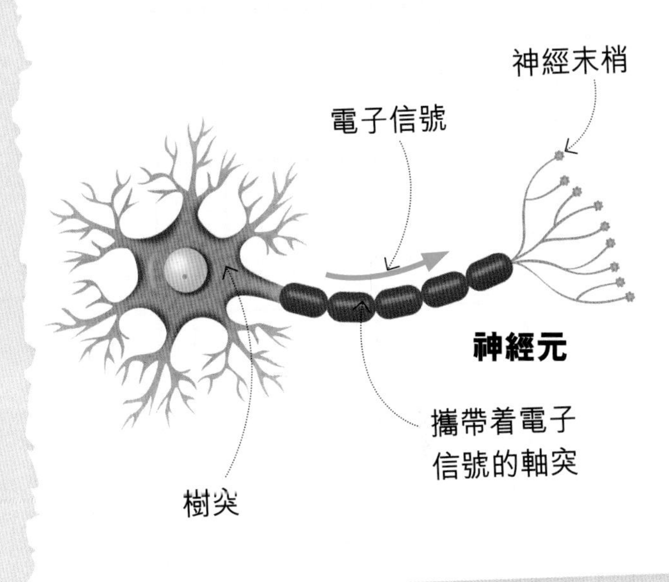

考考你

1 在我們睡眠期間，大腦會做什麼？

2 大腦分為多少個半球？

3 古埃及人製作木乃伊時，是如何移除大腦？

4 海豚和人類相比，誰的大腦比較重？

請翻到第138頁查看答案。

傷口是如何癒合？

我們割傷時，血液會從皮膚的傷口流出來，修復受傷的地方。首先，血液會黏在一起，然後漸漸變成固體，這稱為凝血塊。不久後，凝血塊上面會結成一塊堅硬的痂，下面則會製造新的皮膚細胞。當傷口癒合了，痂便會脫落。

割傷和擦傷

割傷或擦傷時，從傷口滲出來的血液會變成凝血塊，這固態血液會令傷口閉合起來。這時候會有3種血細胞一起工作，使傷口癒合。

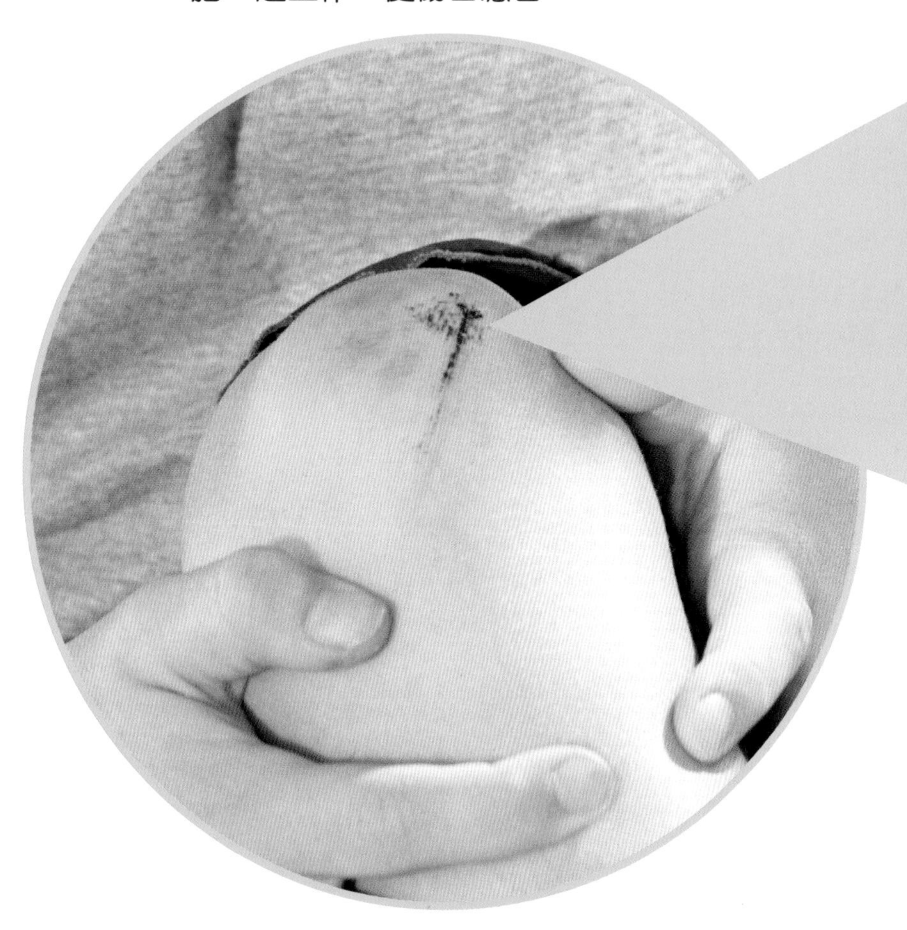

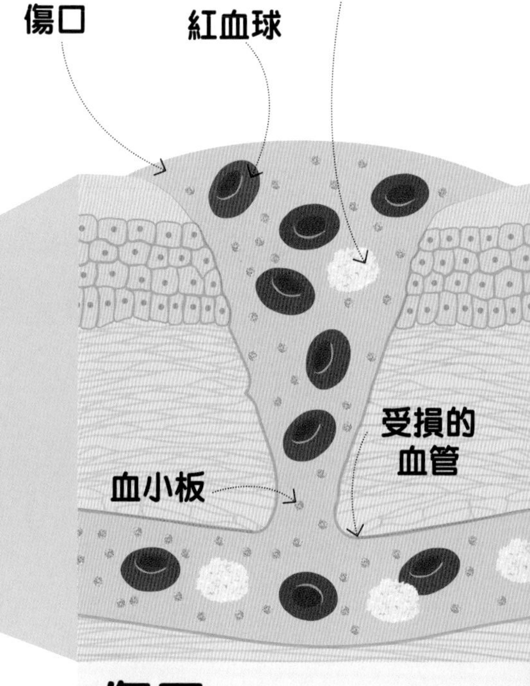

傷口

若有東西穿透頂層的皮膚進入血管，血液就會滲出來。這時候，白血球會噴射化學物質來消滅病菌，或是直接吞噬病菌。

骨頭是如何修復的？

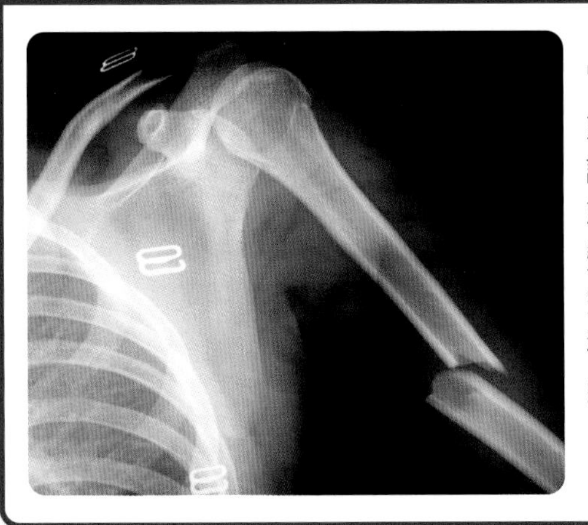

骨折的癒合

如果一根骨頭裂了，只要讓它保持靜止的狀態，那就可以自行癒合。血液會變成凝血塊來填補斷裂的空隙，然後轉化成軟骨這種身體組織。最後，身體細胞會製造出新的骨頭。

對或錯？

1 你的頂層皮膚會每年更新一次。

2 水蛭能阻止血液凝固。

3 一組小割痕稱為水泡。

請翻到第138頁查看答案。

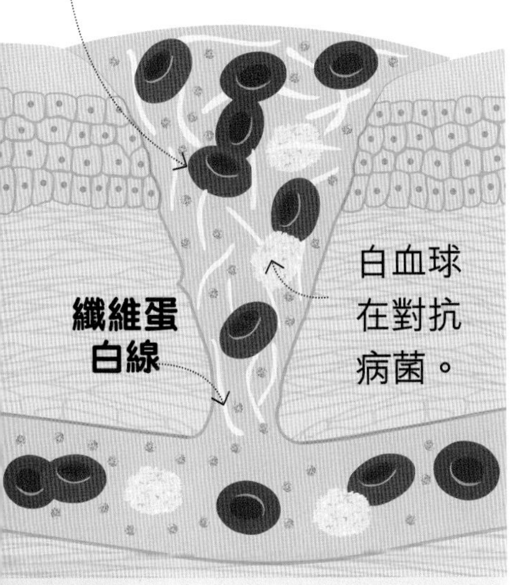

閉合

血小板這種血細胞會改變形狀，並製造像線一樣的纖維蛋白。這些線的功能有如一張網，可以困住紅血球，把它們聚集起來。

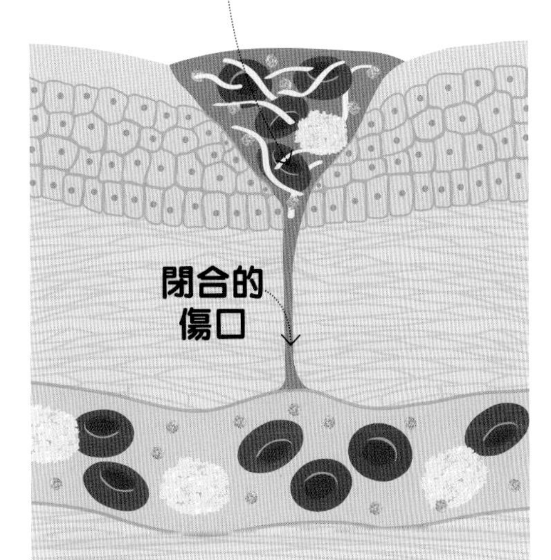

凝血塊

當纖維蛋白網住足夠的紅血球時，紅血球就會變成血塊，這個過程可以在短短幾分鐘內完成。

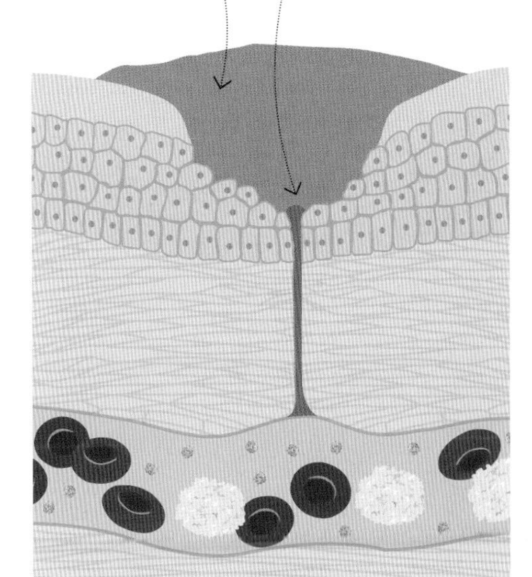

癒合的皮膚

在凝血塊上面會形成一層堅硬的痂，下面的皮膚組織則會修復受傷的地方。幾天後，痂就會脫落，只留下新的皮膚。

我的身體如何抵抗疾病？

病菌能夠進入我們的身體，使我們生病。因此身體有一個防禦系統，盡力阻止病菌進入，以及對抗那些進入了體內的病菌。

耳朵

耳朵能分泌一種淡黃色的蠟質液體，這種液體可以把病菌推出耳外。

皮膚

皮膚是防水層，它覆蓋並保護着我們的身體內部，把病菌阻隔在外。

白血球

白血球會隨着血液在身體裏四處流動，一旦發現病菌，就會噴射化學物質來消滅它們，或是用以下方法吞噬病菌：

1. 白血球包圍病菌。

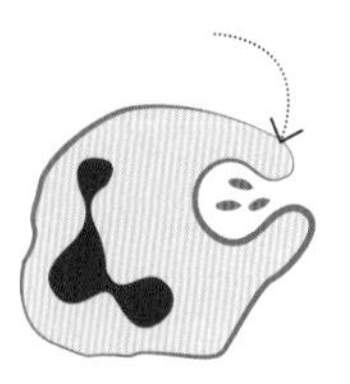

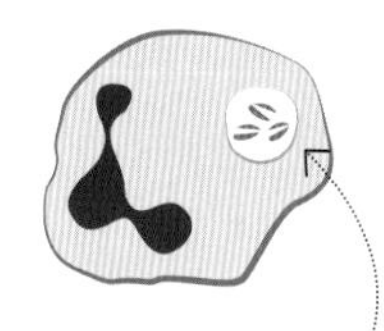

2. 白血球消滅病菌。

3. 把廢物排出來。

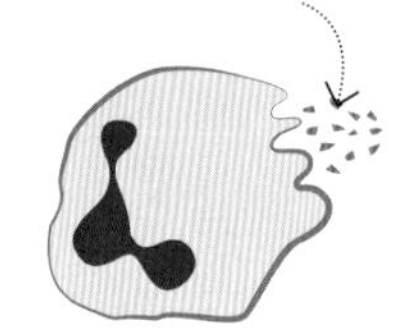

白血球負責殺死身體裏的病菌。

腸道

腸道中的黏液可以抓住病菌，阻止病菌進入血液。有些細菌對身體有益，它們既可以幫助消化食物，又可以阻止病菌滋生。

容易從一個人傳播到另一個人的疾病，稱為傳染病。

眼睛

眼睛能分泌淚水，沖走病菌。眼淚中有一種化學物質能劏除細菌！

肺部

肺部裏有一種黏液，能夠把我們吸進去的病菌黏住。肺部裏的毛髮則會把黏液和病菌推上喉嚨，讓我們吞進胃裏。

胃

胃裏含有一種強酸，稱為氫氯酸（又名鹽酸），這能夠殺死很多我們吞下去的病菌。

還有什麼幫助我們抵抗疾病？

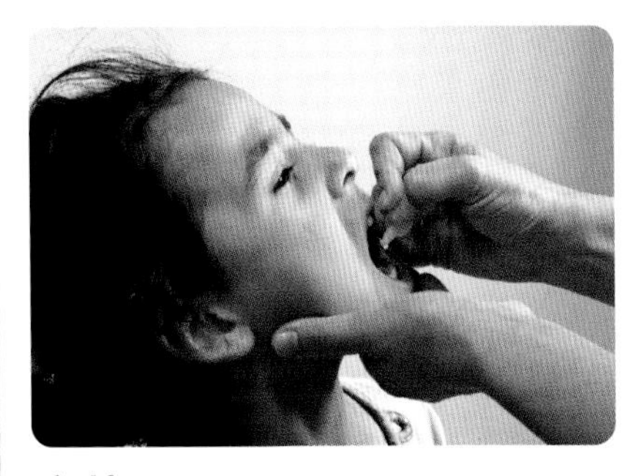

疫苗

疫苗含有極微量的病菌，注入身體能讓身體學習如何抵抗某種疾病。

藥物

藥物能夠治療疾病，或是使我們的身體感覺好一點。醫生會給病人處方各種不同的藥物，例如藥丸、藥水。

考考你

1 哪一種血細胞可以對抗病菌？

2 扁桃腺對身體有什麼作用？

3 唾液如何保護我們的身體？

請翻到第138頁查看答案。

物質世界

物質既能塑造成不同形狀，又可用來製造不同的東西。無論是把物質混合或分開，還是透過化學反應，都能夠製造出新事物。

萬物皆由什麼組成？

從最小的細胞到巨大的恆星，宇宙中的一切事物皆由微小的粒子構成，這種粒子稱為原子。原子非常小，小得我們也看不見。它們甚至包含着3種更小的粒子，分別是質子、中子和電子。

當一顆原子分裂時，會發生什麼事情？

核能

原子分裂時會釋放出大量能量，核電站就是透過這方法發電。

核爆炸

當原子分裂時，中子會撞擊其他原子，使它們也分裂。這可能會產生巨大的熱力和能量，引起爆炸。

粒子加速器

為了研究原子，科學家會讓原子的粒子沿着軌道加速，使它們互相碰撞。

電子

電子是帶負電荷的粒子，可四處移動，被質子吸引到原子上。

原子核

原子核由質子和中子組成，位於原子的中心。

分子

原子結合成一組時，叫做分子。分子中的原子殼會互相交疊，讓它們可以共同分享電子。例如下圖的水分子，就是由2個氫原子和1個氧原子組成。

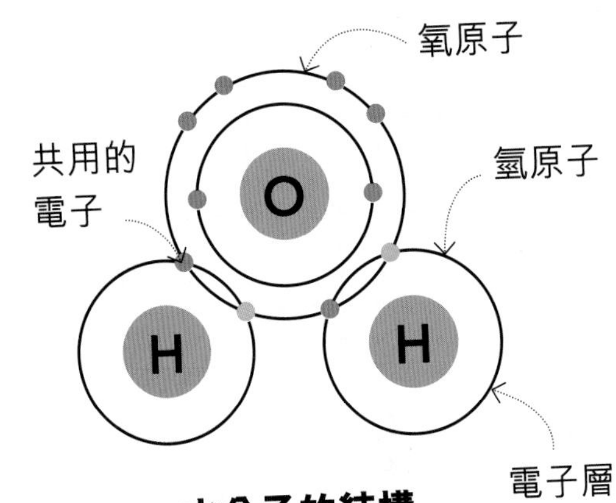

水分子的結構

質子

質子是帶正電荷的粒子，它們把電子吸引到原子上。原子中質子的數量稱為原子序。

中子

中子是不帶電荷的粒子。除了某種氫原子，幾乎所有原子都包含了中子和質子。

考考你

1 原子巾哪一種粒了不帶電荷?

2 由原子分裂釋放熱能而產生的電力叫做什麼？

3 我們把結合在一起的一組原子叫做什麼？

請翻到第138頁查看答案。

為什麼巧克力會融化？

物質能夠以固體、液體或氣體的形態存在，這取決於它們的溫度。巧克力在室溫下為固體，但假如我們把它加熱，裏面微小的粒子便開始一起移動，巧克力便會融化並變成液體。

固體

固體能保持它的形狀。如果你把固體疊起來，那就會高高地疊成一堆，而不會融合起來。

考考你

1 從液體變成固體的過程叫做什麼？

2 物質在哪種形態下，粒子靠得最緊密？

3 哪種金屬在室溫下是液體？

4 水的固態、液態和氣態分別稱為什麼？

請翻到第138頁查看答案。

水是地球上唯一有固體、液體和氣體3種形態自然存在的物質。

大自然中有什麼會融化？

冰川

海裏或山上會有大片大片的冰，這稱為冰川。當溫度上升時，冰川便會融化，有時還會有一大塊冰掉進海中。

火山

當岩石非常熱時，便會熔化。熔化了的岩石稱為岩漿，從火山噴發出來的則稱為熔岩。

改變形態

物質有時會從固體變成液體，再變成氣體。只要我們把物質加熱，就會發生這種情況。當物質冷卻起來，那又會變回原狀。

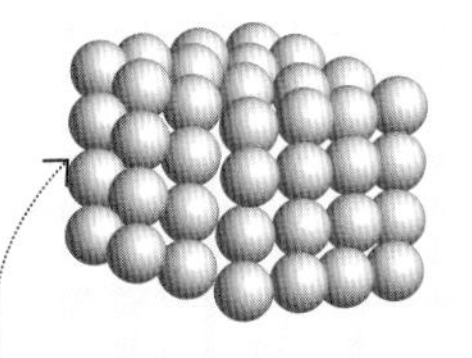

固體的粒子會緊密地靠在一起，排成規律的形狀。

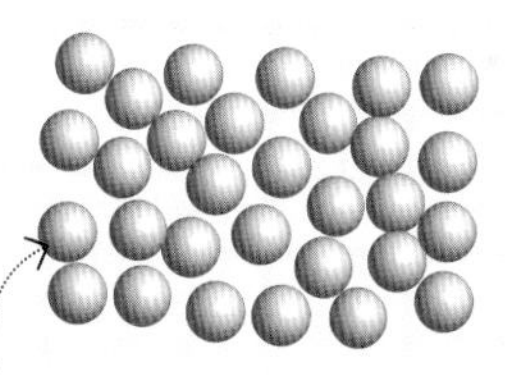

液體中的粒子雖然靠近彼此，但粒子間有移動空間。

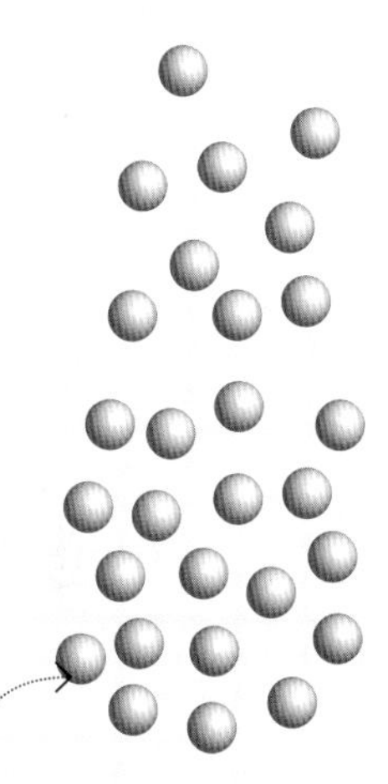

氣體中的粒子能快速地向各個方向移動，粒子會散開。

液體

液體可以流動，還能聚集成池，但不能堆疊起來。

如何從海水中提取鹽？

海水是水和鹽的混合物。鹽早已在水中溶解，所以我們舀起海水時不會看見一顆顆鹽。但我們可以讓海水蒸發，或是透過蒸餾的過程，從海水中提取鹽。

鹽田

鹽田是淺淺的海水池，上面覆蓋着一層鹽。

鹽礦牀

太陽的熱力會使水蒸發掉，即變成了氣體。鹽不會蒸發，留了下來。

世界上最大的鹽田含有110億公噸鹽！

什麼是蒸餾？

蒸餾是把液體從混合物中分離出來。煮沸了的海水會變成氣體，這稱為水蒸氣。水蒸氣進入一條管裏冷卻後，變回液態的水。這些水會滴進一個容器裏，而鹽就留在原來的瓶中。

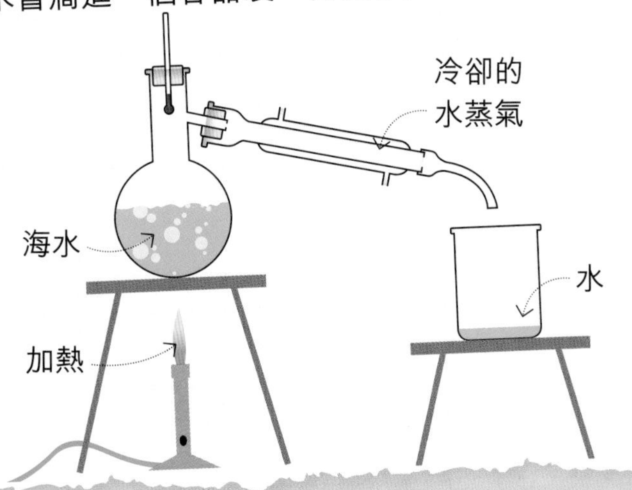

收集礦產

人們把鹽耙成一堆一堆，收集起來運送到工廠，加工成為我們食用的鹽。

還有哪些方法可以把混合物分離？

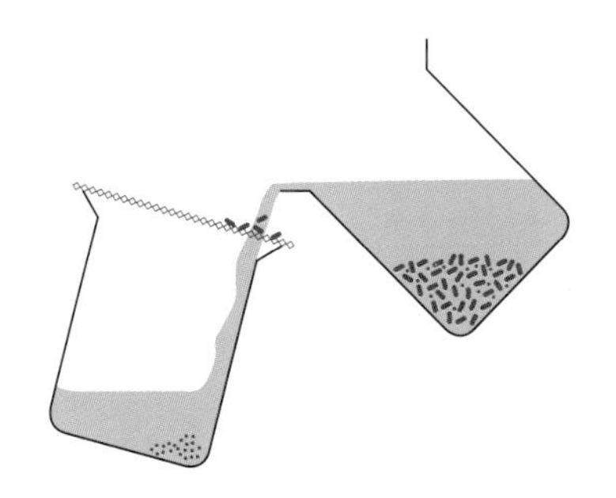

篩分

較小的固體會通過篩，無法通過的固體就會留在篩上。這種方法可以把小石子和沙分開來。

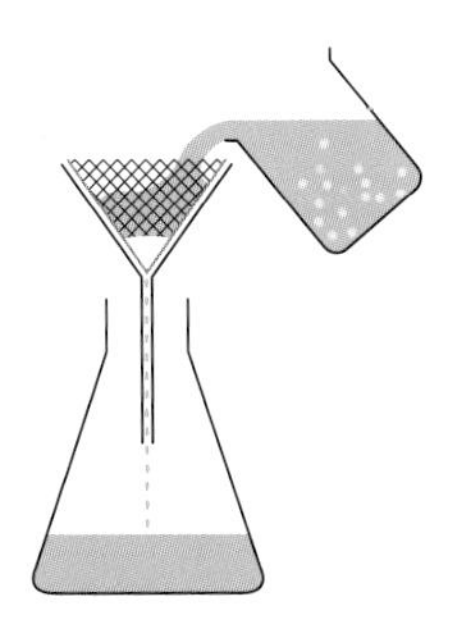

過濾

過濾器就像網一樣，能夠把固體物質困住，只容許液體通過。

考考你

1 人類能喝海水解渴嗎？

2 河流和湖泊中的是鹹水嗎？

3 液體加熱變成氣體的過程叫做什麼？

請翻到第138頁查看答案。

什麼是金屬？

金屬是一種有用的物料，人們會根據各種金屬的特性來製造不同的東西。金屬一般是堅固而有光澤，又容許電流通過，還能夠延展——這表示可以輕易改變金屬的形狀。

水銀是唯一在室溫下呈液態的金屬。

鋁

鋁是一種輕而堅固的金屬，又不易生銹。我們可以把鋁塑造成很多不同的東西，例如單車、飛機、飲品罐等。

鐵

鐵既堅硬又結實，而且可以存放很久。不過把鐵放在露天的地方太久，它便會生銹。因此鐵製品通常會塗上油漆，以防止生銹。

把兩種金屬混合起來會變成什麼？

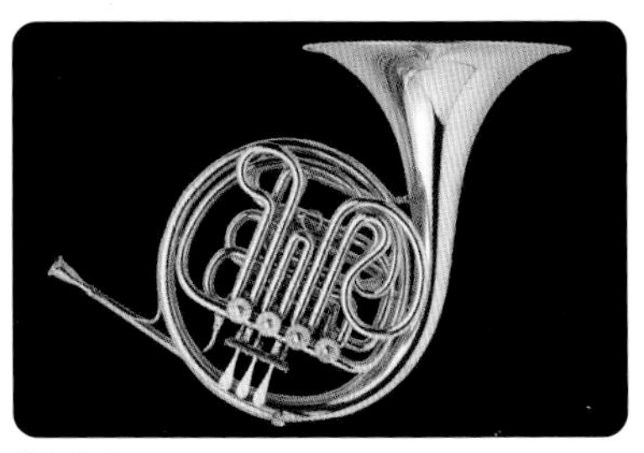

黃銅

合金是由2種或多種金屬組合而成，黃銅就是由銅和鋅製成的，我們會用黃銅來製造樂器和硬幣。

鋼

鋼是在鐵裏加入其他物質，以減少生銹的情況，還能使鐵更加結實。我們會用鋼來製造餐具、船或其他工具。

看圖小測驗

當鐵暴露在空氣中一段時間後會怎麼樣？

請翻到第138頁查看答案。

銅

我們可以輕易地把銅變成銅線，或是壓扁成銅片。銅是良好的導電體，這表示電流很容易通過它。

可以傳電和傳熱

金

金是一種閃亮又美麗的軟金屬，它非常稀有，而且昂貴。我們可以輕易地把金熔化，塑造成不同形狀。

閃亮的表面

提取石油

為了提取石油，工程師會用機器在地面鑽洞，然後往洞裏泵水，一直到達石油所在的位置。由於石油會浮在水面，因此注水後，石油便升上地面來。

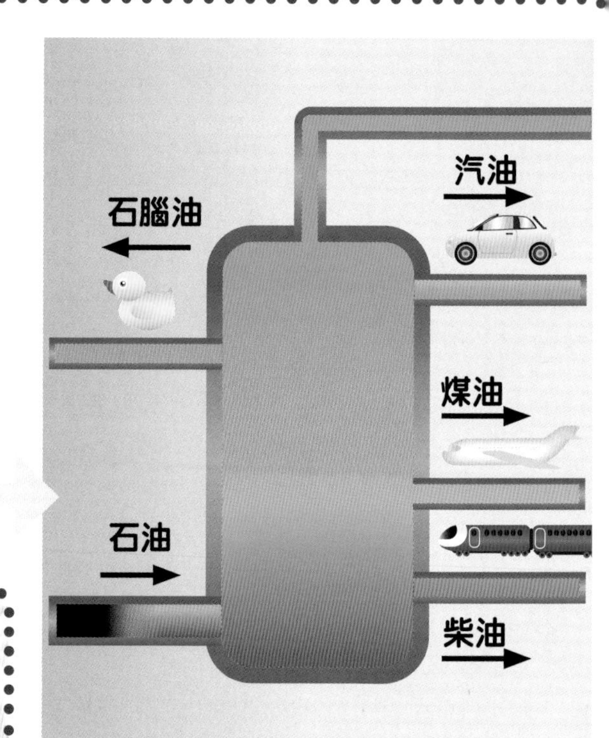

提煉石油

石油是由多種擁有不同沸點的液體組成，這表示把石油加熱至不同的溫度時，就會分離出不同的物質，例如汽油和石腦油。在這個過程中產生的石腦油，可以用來製造塑膠。

塑膠是如何製成？

大多數塑膠都是由石油製成的。當微小的動植物（即浮游生物）被壓在地下數百萬年後，便形成了石油。把石油變成塑膠的過程複雜，需要很多步驟。

塑膠可以用來做什麼？

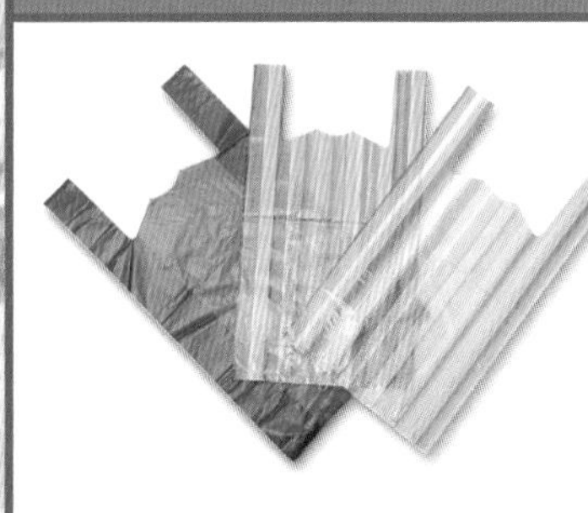

購物袋

塑膠是一種輕巧又結實的材料，很適合用來製造購物袋。不過塑膠購物袋需要很長時間才可以分解，因此我們應盡量減少使用。

玩具

塑膠玩具不但顏色亮麗，而且耐用。即使經常用使用，這些玩具仍然可以保存一段很長的時間。我們可以輕易改變塑膠的形狀，因此能夠用它來製造出任何奇形怪狀的創意玩具呢！

對或錯？

1 塑膠是由石油製成的。

2 全球一共會循環再造80%的塑膠。

3 一個塑膠瓶大約需要500年才能分解。

請翻到第138頁查看答案。

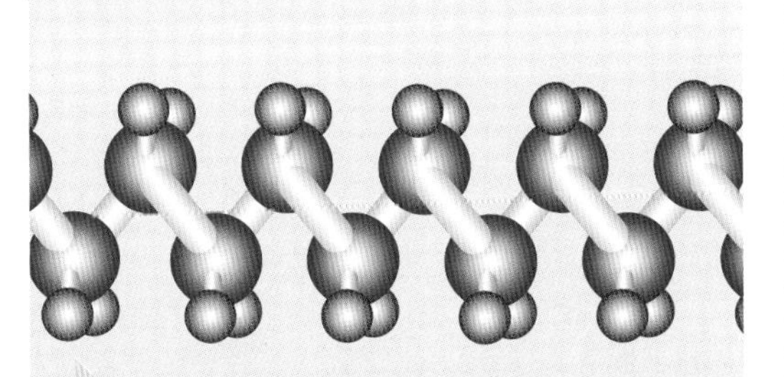

化學過程

把石腦油加熱，並加入化學物質後，構成石腦油的小粒會變成一串長鏈，這串液態的長鏈經冷卻後會分解成固態的塑膠粒。

熔化

接着，塑膠粒會熔化成液態塑膠。其間還會加入其他化學物質和染料，以製成不同類型的塑膠。

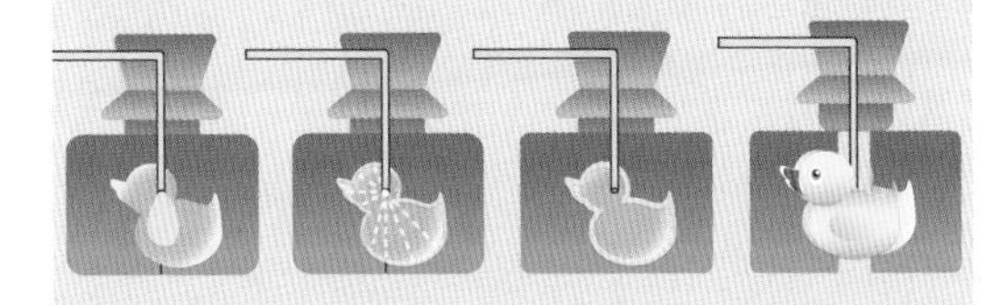

倒入模具

把液態塑膠倒入模具中，然後吹入空氣，使塑膠黏在模具壁上。待它冷卻成固體後，就製成了一隻空心的塑膠鴨。

製成品

最終製成品是一隻顏色亮麗的玩具塑膠鴨，它能浮在水上，還可以使用很多年。

是什麼令煙花爆炸？

當兩種物質相遇時，它們有可能會產生反應，例如開始嘶嘶作響，然後出現變化，繼而生成新的東西，這就叫做化學反應。有些化學反應是發生爆炸，就好像我們放煙花時看到那美麗的色彩爆炸，也是由化學反應引起的。

色彩奪目

煙花中加入了金屬，因此它們會發出不同顏色的光芒。例如其中的鋰會產生紅色煙花，鈉鹽則會產生黃色煙花。

我們還能在哪裏看到化學反應？

蘋果變色

蘋果肉與空氣中的氧氣產生化學反應，會逐漸變成啡色。

金屬生銹

鐵與空氣中的水分和氧氣發生反應，生成一種紅褐色的物質，稱為鐵 。

爆炸

在燃燒煙花的過程中，煙花內部會出現化學反應，這些反應會產生人們喜歡看的爆炸效果。

4. 當火碰到火藥時，便會產生一幕熱力四射、五光十色的巨大爆炸！

3. 煙花一邊上升，一邊燃燒，最後燒到主火藥室裏混有金屬化學物質的火藥。

2. 火藥發生爆炸，釋放出相當大的能量，足以把煙花射到空中。

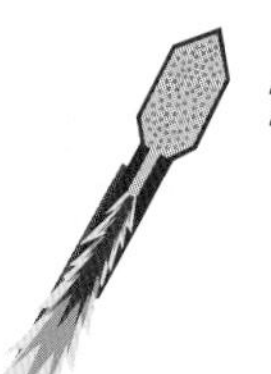

1. 燃點導火索，它會緩慢地燃燒，直至燒到第一批量較少的火藥。

對或錯？

1 焗製蛋糕會產生化學反應。

2 燃燒燃料是一種化學反應。

3 不是所有煙花都使用化學反應。

4 我們的身體裏會發生化學反應。

請翻到第138頁查看答案。

為什麼檸檬汁是酸的？

檸檬汁是酸的，因為它含有檸檬酸。酸性物質會使味道變得強烈，而且帶有酸味。強酸是很危險的，能夠溶解金屬；弱酸則可以安全食用。

自然界中最酸的東西是鵝莓，那是一種綠色的小果子，但也有部分品種的鵝莓是紅、黃或白色的。

什麼是pH值？

我們以pH值作為尺度，來量度酸的程度。只要把pH試紙放入液體中，看看試紙變成什麼顏色，便可以知道pH值。數值越低，表示酸性越強。在這尺度的另一端是鹼，如果數值大於代表中性的7，那就表示該液體是鹼性。

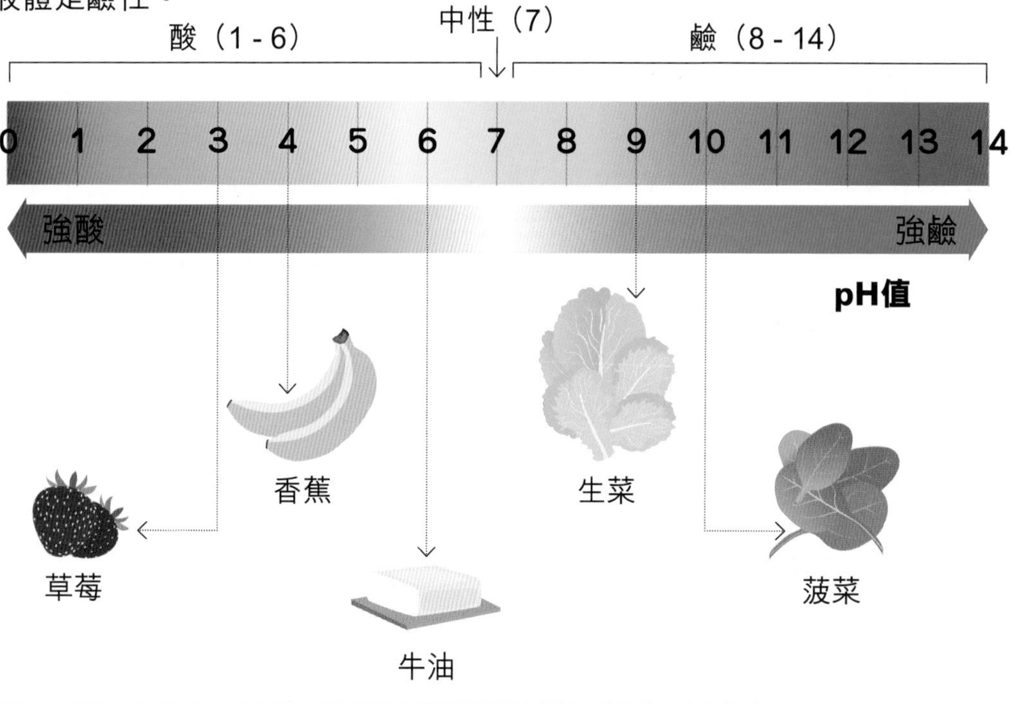

強烈的味道

檸檬汁含有大量檸檬酸，這使檸檬具有濃郁而強烈的味道，它的pH值為2。

還有哪些食物是酸性的？

罐頭番茄

罐頭番茄的pH值為3.5。番茄裏只有弱酸的混合物，可以安全食用。

醋

醋含有乙酸，它的pH值為3。我們煮食時，可用醋來為食物添加酸味。

對或錯？

1 檸檬比醋酸。

2 把鹼加入酸中，便會產生鹽和水。

3 我們可以使用石蕊試紙來測試某種物質是酸還是鹼。

請翻到第138頁查看答案。

能量

任何事物都需要能量才能活動，那是令物體運作的動力，能量可以以不同方式存在，例如用來移動物件，能量也可以從一種形式轉變成另一種形式。

位能

當水儲存在水壩的閘內，它便儲存了位能。重力一直把水向下拉，因此一開閘，水就會立即流動。

動能

當水從水壩的閘內釋放出來，它的位能就轉變為動能。

太陽產生的能量與10^{17}個燃煤發電廠產生的能量一樣多。10^{17}即10後面還有16個0啊！

能量跑到哪裏去？

我們不能創造或摧毀能量，那表示它只能從一種形式，轉變成另一種形式。例如我們吃掉食物中儲存的能量，藉以轉變為身體需要的動能；水流動時產生的動能，也可以轉變為讓燈泡亮起的電能。

改變能量

動能可以用來發電。電是一種轉換能量的方法，電能再經由燈泡，轉變為熱能和光能。

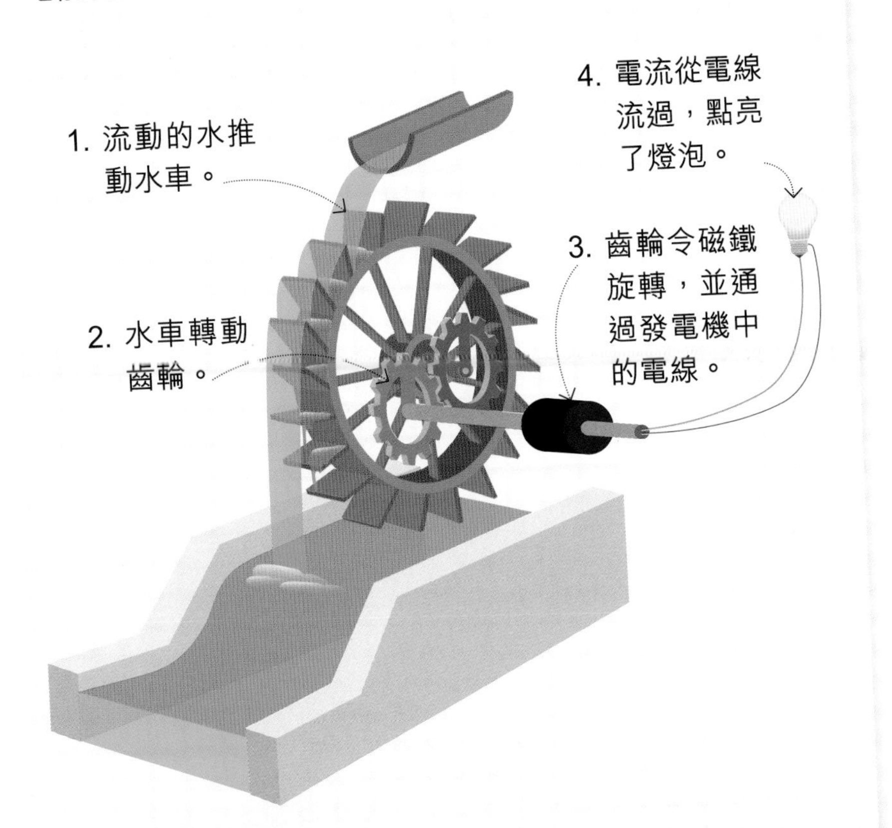

還有什麼其他形式的能量存在？

化學能

能量儲存在食物和燃料中，它們可以在化學反應中釋放出來，例如燃燒便是常見的化學反應。

核能

核能儲存在原子的內部，當原子在核反應堆中分裂時，便會釋出能量。

考考你

1 地球上大部分能量來自哪裏？

2 由無窮無盡的燃料產生的能量叫做什麼？

3 當原子分裂時，會產生哪一種能量？

4 在國際單位制中，測量能量的單位是什麼？

請翻到第138頁查看答案。

我們是如何看到顏色？

我們能看到顏色，是因為光從物體反彈回來，進入了我們的眼睛。有些顏色的光會被物體吸收，有些顏色的光則反射出來。這就是說，如果某件東西看起來是黃色，代表黃色光反射到我們的眼睛裏。

可見光譜

我們能夠看到的各種顏色稱為可見光譜，來自太陽的白光是由不同顏色的光混在一起而成。

陽光

太陽是我們主要的光源，光從太陽來到地球需要8分鐘。

為什麼天空是藍色的？

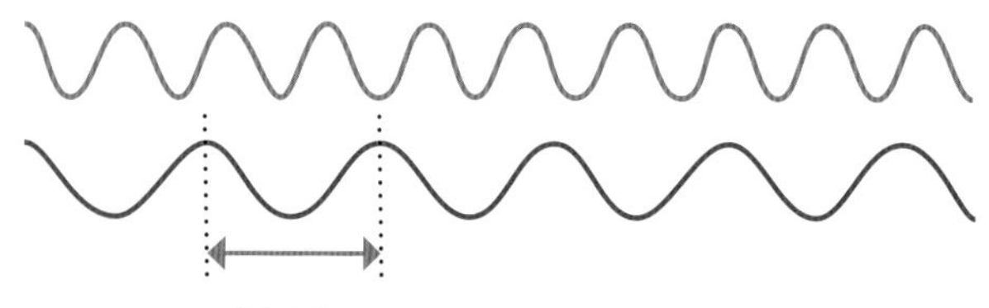

散射光

太陽光是由不同波長的光組成，它們是不同顏色的。當這些光線經過大氣層，它們會折彎並擴散，這稱為散射。波長較短的光會散射更多，這便讓天空看起來是藍色的。

把光分開

如果我們讓白光通過三稜鏡，那就會分開成彩虹的各種顏色。來自太陽的光其實包含所有顏色，只是我們的眼睛看起來是白色的。

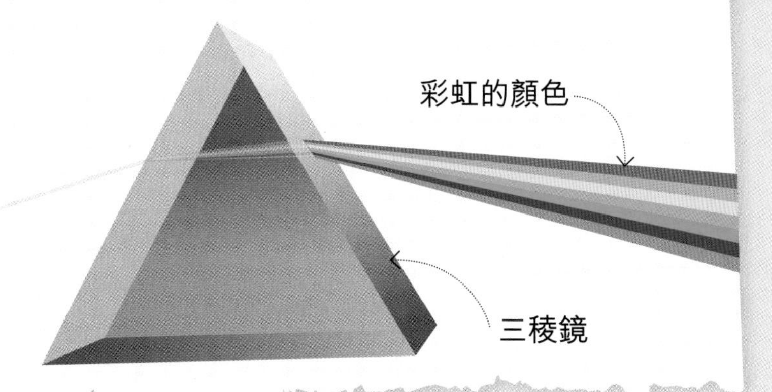

反射

黃光被花瓣反射到我們的眼睛，眼睛裏的感應器就會告訴大腦這東西是黃色的。

吸收

除了黃光外，其他顏色的陽光都被花瓣吸收了，只有黃光反射到我們的眼睛。

看圖小測驗

什麼是影子？

請翻到第138頁查看答案。

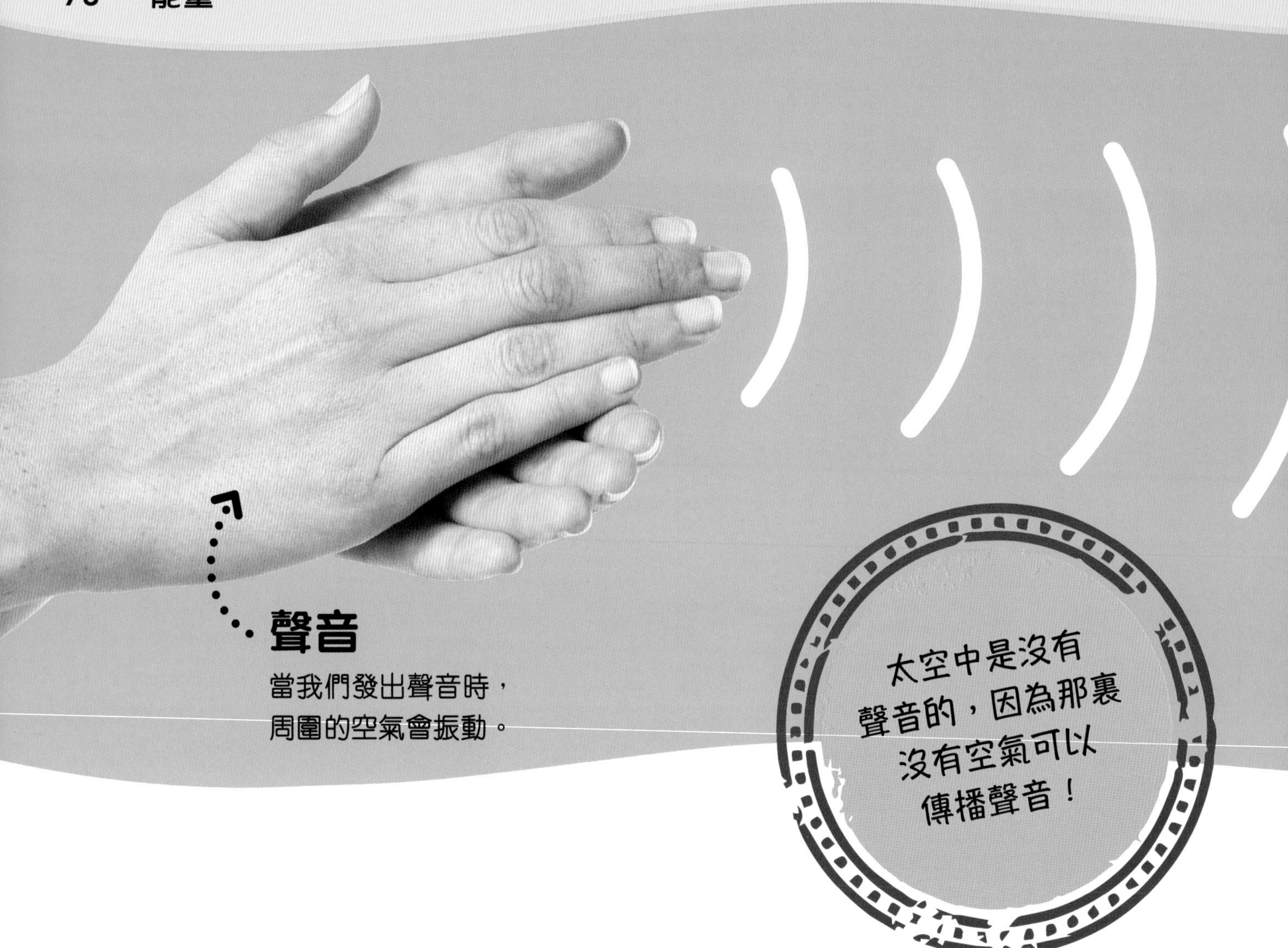

聲音是如何傳播？

聲音是由振動產生的，它可以透過固體、液體或氣體來傳播。我們能聽到聲音，是因為振動以聲波的形式在空氣中傳播，而我們的耳朵接收到這些振動。

人類聽到聲音的原理

聲波進入你的耳朵後，會使你耳朵中的耳膜產生振動。接着，耳膜會把這些振動傳送至小骨，再通過一種液體。最後，耳朵裏的感應器會把聲音傳送到大腦。

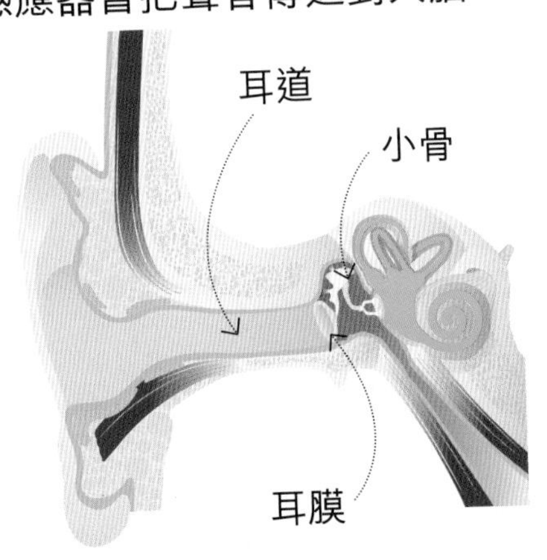

耳朵透視圖

聲波

當聲音傳播時，會透過壓縮和舒展空氣來產生振動，這種流動的空氣稱為聲波。

感應聲音

我們的耳朵能收集聲波，然後把聲音的振動轉化為電子信號，並傳送到大腦，最後由大腦告訴我們那是什麼聲音。

考考你

1 聲音可以通過固體物質來傳播嗎？

2 為什麼蜜蜂飛行時會發出嗡嗡聲？

3 我們說話時，哪個身體部位會振動來發出聲音？

請翻到第138頁查看答案。

動物如何使用回聲？

在水中

海豚能發出咔噠聲，並在水中傳播。當這些聲音碰到了東西而反彈回來，海豚就知道自己有可能找到食物了。

在黑暗中

蝙蝠在夜間捕食，牠們發出的聲波會被阻礙物反彈，形成回音。蝙蝠透過檢測回音尋找獵物及避開障礙物。

熱力是如何傳播？

熱力總是朝着同一個方向傳播，那就從暖的一端向冷的一端移動。當我們觸摸到一件暖的物體時，熱力會傳進我們的皮膚。當我們觸摸到一件冷的物體時，熱力會從我們的皮膚轉移到該物體。

傳導

當我們煮一鍋水時，熱力會從鍋底傳到上面，這個過程會令鍋裏的水變熱。當熱力透過固體來傳播，就叫做傳導。

當熔岩（液態岩石）冷卻時會發生什麼事？

熔岩炸彈

從火山噴出來的熔岩在空中遇冷會變成固體，形成岩石落下來。

枕狀熔岩

當熔岩進入冷冰冰的海洋時，有時會冷卻成類似枕頭的形狀。

對流

鍋底的水加熱後會向上升，而較冷的水則下降。像這個過程那樣，有熱力在液體或空氣中流動就叫做對流。

冷水下降

太陽

太陽是熱力的主要來源，它會發出我們看不見的光線，使地球變暖。這些光線稱為輻射，當輻射照上物體時，能夠把它加熱。

輻射

在燃燒的物體所發出的熱浪能夠把接觸到的物體加熱，這就叫做輻射。

考考你

1 從火堆中透過空氣傳播熱力的方式叫做什麼？

2 透過固體傳播熱力的方式叫做什麼？

3 我們把固體加熱變成液體的過程稱為什麼？

請翻到第139頁查看答案。

什麼是電？

電是能量的流動，也可以說是電子的流動。電子是一種微小的帶電粒子，當電子在物體間轉移時，會產生靜電。我們還可透過熱能、光能、風能和其他形式的能量來產生電。

閃電

當雲層與地面之間，或天空中的雲層之間有電荷流動，因而引起的巨大火花就是閃電。

我們如何產生電力？

太陽能發電

太陽能板通常安裝在屋頂上，接收太陽的能量來產生電力。

風力發電

風力發電機的外形就像風車，它利用流動的風產生電力。

水力發電

水壩利用流動的水轉動渦輪機，從而產生電力。

電子流動時會形成電流。

雲層

雲層中微小的冰、雨或雪互相摩擦時產生了靜電，這些電荷最終會變成閃電。

? 考考你

1 可讓電流通過的物質叫做什麼？

2 不能讓電流通過的物質叫做什麼？

3 閃電是由什麼造成？

4 假如你把氣球放在頭髮上摩擦，會產生哪種電？

請翻到第139頁查看答案。

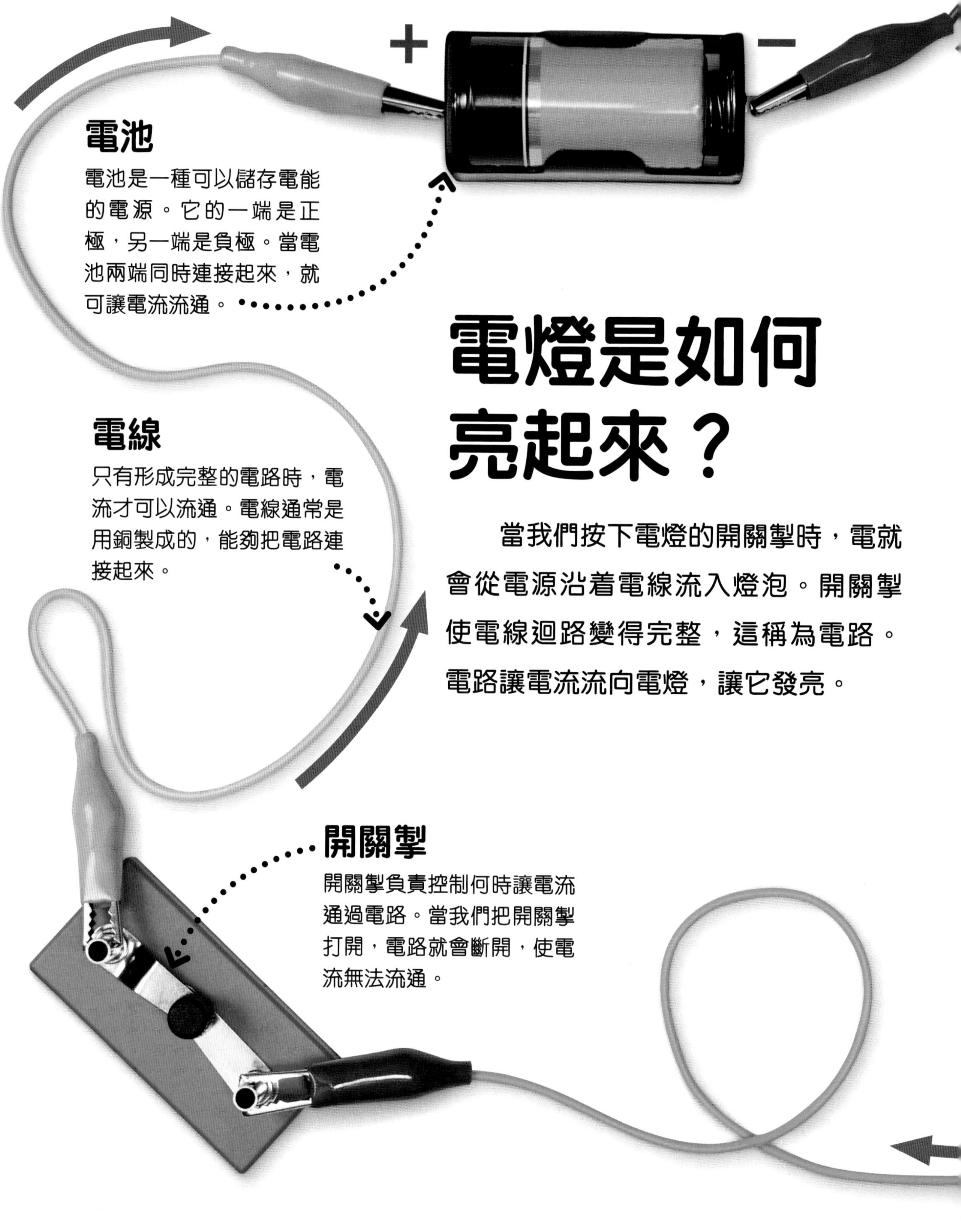

電池

電池是一種可以儲存電能的電源。它的一端是正極，另一端是負極。當電池兩端同時連接起來，就可讓電流流通。

電燈是如何亮起來？

電線

只有形成完整的電路時，電流才可以流通。電線通常是用銅製成的，能夠把電路連接起來。

當我們按下電燈的開關掣時，電就會從電源沿着電線流入燈泡。開關掣使電線迴路變得完整，這稱為電路。電路讓電流流向電燈，讓它發亮。

開關掣

開關掣負責控制何時讓電流通過電路。當我們把開關掣打開，電路就會斷開，使電流無法流通。

電以每秒200,000公里的速度流動，快得達到光速的三分之二！

燈泡

當電流通過燈泡時，它就會發光。雖然這裏只是一個小小的燈泡，但大部分燈泡都是以相同的方式亮起來。

電路圖

電路中每個部分或物件都可以用符號來表示，例如下圖就用直線來表示電線。

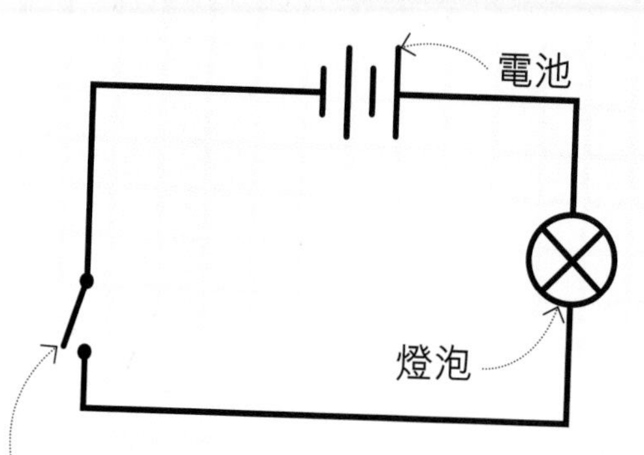

簡單的電路圖

電繞着電路流動。

電路有什麼作用？

電視機

電視機內部有微小的電路，讓我們可以控制亮度和音量。

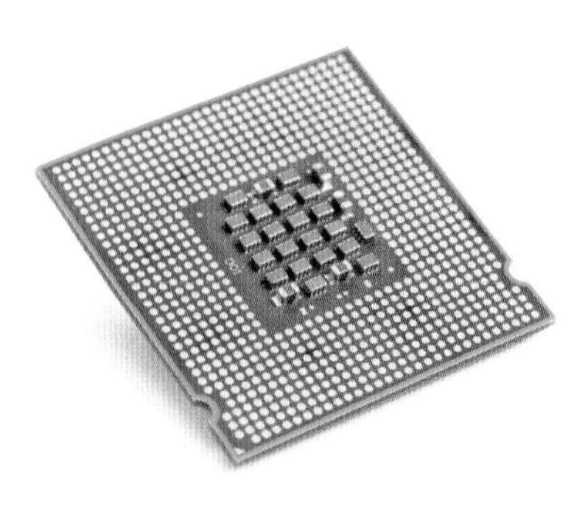

手機

你可以在手提電話和其他電子器材中找到比指甲還要小的微型電路，這些電路稱為微型晶片。

? 看圖小測驗

上圖的符號代表電路其中一部分，它的功用是在太多電流通過電線時，讓電路中斷。這是什麼？

請翻到第139頁查看答案。

如何使頭髮直立起來？

如果你把氣球放在頭髮上摩擦，那就會產生靜電。一種稱為電子的微小粒子會從頭髮轉移到氣球上，使它帶電，並把頭髮吸向氣球。別擔心，這些電的分量是安全的！

電子

電子是帶負電荷的微小粒子，屬於原子（組成一切事物的基本單位）的一部分。當電子流動時，就會產生電。

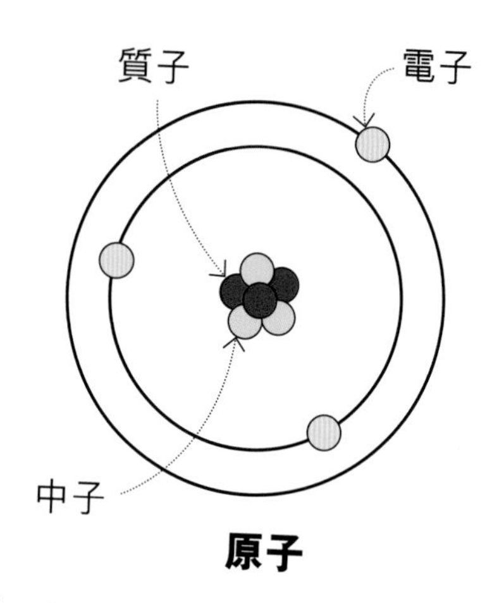

原子

烘乾機中的襪子會貼在一起是因為靜電。

靜電有什麼用？

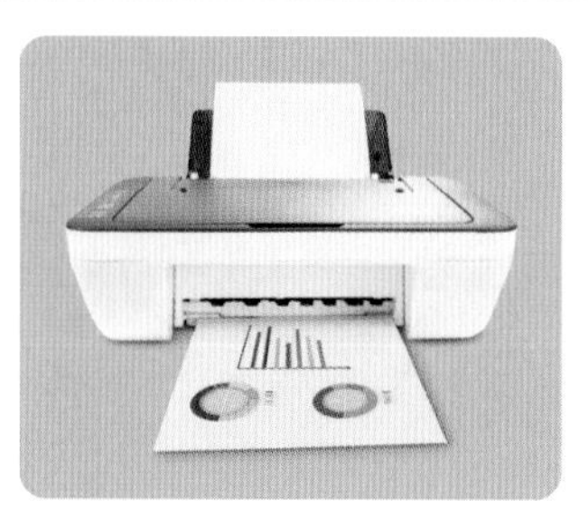

影印機

影印機利用靜電，把帶負電荷的黑色油墨黏在紙上帶正電荷的地方。

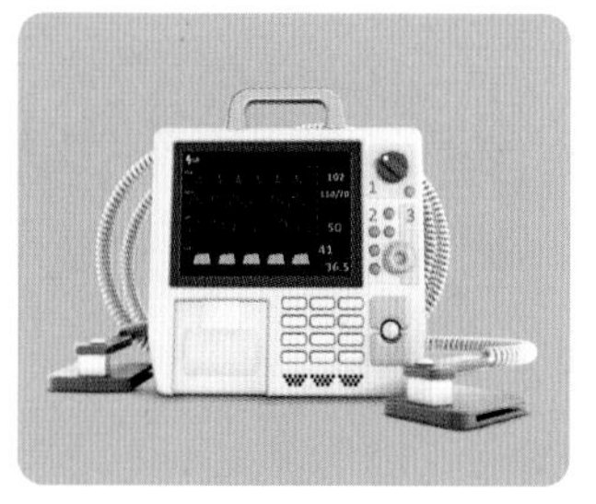

心臟除顫器

除顫器利用靜電，讓已經停止跳動的心臟再次動起來。

負電荷

當你把氣球放在頭髮上摩擦時，氣球就會變成帶負電荷。這是因為頭髮上的電子被擦掉，轉移到氣球上。

正電荷

如果某物質失去了電子，它就會變成帶正電荷。當電子離開頭髮並轉移到氣球上時，頭髮就變成帶正電荷了。

異性相吸

相反的電荷會互相吸引，因此帶負電荷的氣球被帶正電荷的頭髮吸引，互相黏在一起。

對或錯？

1 所有電子都是負電荷。

2 我們可利用靜電來讓油漆黏在汽車表面。

3 帶正電荷的東西會黏在一起。

請翻到第139頁查看答案。

我們能用磁鐵產生電嗎？

當我們移動一塊磁鐵通過線圈時，便會在線圈中產生電流。發電機就是轉動線圈通過磁鐵，或移動磁鐵通過線圈，以產生電流的機器。

提供電力

當騎單車的人踩踏板時，車輪便會轉動，從而推動發電機上的齒輪。

磁鐵還有什麼用？

廢金屬

裝有磁鐵的起重機可以從垃圾堆中撿起帶有磁性的金屬，例如鐵。

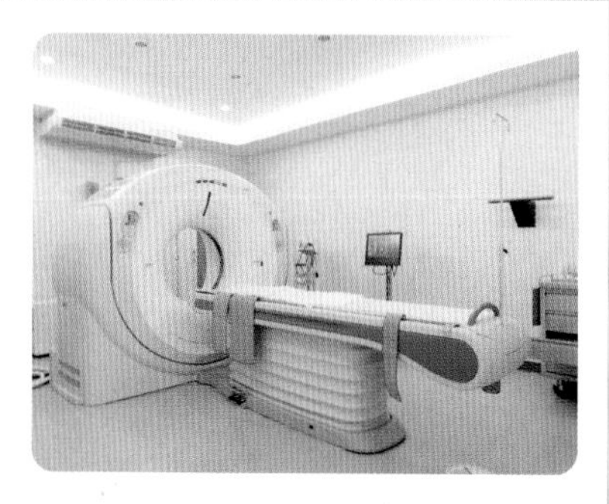

磁力共振

磁力共振掃描的英文簡稱是MRI，MRI掃描器可以拍攝到人類大腦的影像。

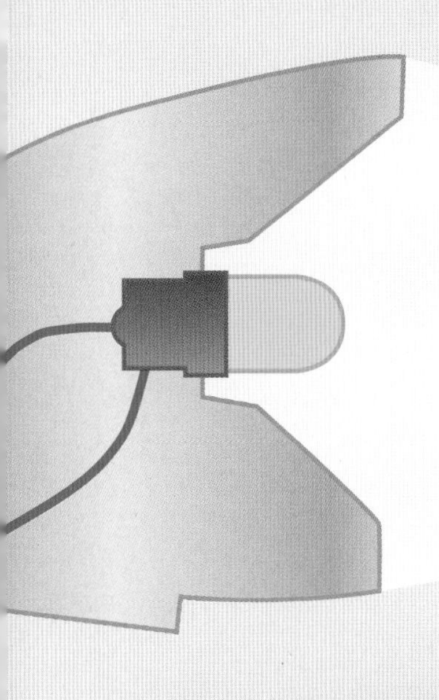

亮起來

發電機能產生足夠的電力，使車燈亮起來。

對或錯？

1 磁鐵可以為單車的車燈提供電力。

2 渦輪機是一台可以轉動發電機的大風扇。

3 人們常常把倉鼠輪連接到發電機。

請翻到第139頁查看答案。

發電機

單車的車輪推動滑環，然後滑環帶動磁鐵旋轉，並通過線圈，這樣電流便在線圈中流動了。

煤從哪裏來？

煤是由壓在地底的古代植物殘骸所製成的燃料。煤很容易燃燒起來，燃燒時能放出熱能和光能。人們會在發電廠裏燒煤，以產生電力。

煤和鑽石都是由同一種物質構成的，那就是碳。

1. 沼澤

樹木、蕨類和苔蘚死後會沉入沼澤，然後新的植物長出來又枯萎，一層一層在沼澤裏堆積起來。

考考你

1 煤、石油和天然氣合稱為什麼？

2 煤是在哪裏形成的？

3 挖煤的地方叫做什麼？

請翻到第139頁查看答案。

還有哪些燃料是在地底形成的？

石油

石油是由數百萬年前生活在海洋裏的微小動植物（即浮游生物）形成。牠們死後掩埋在泥土中，壓成石油。

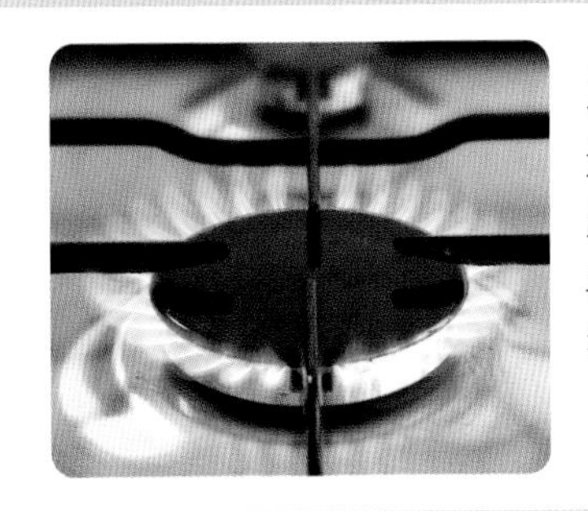

天然氣

天然氣同樣來自浮游生物，並跟石油以同一種方式，在同一段時間裏形成。在地底發現天然氣時，通常也會發現石油。

2. 埋葬

泥土在沼澤上堆積，不斷把植物層向下推。當植物層受擠壓時，會產生熱力。

3. 煤

隨着時間過去，那些植物層會進一步受壓並加熱，擠出裏面的氣體，而那些植物就變成了煤層。

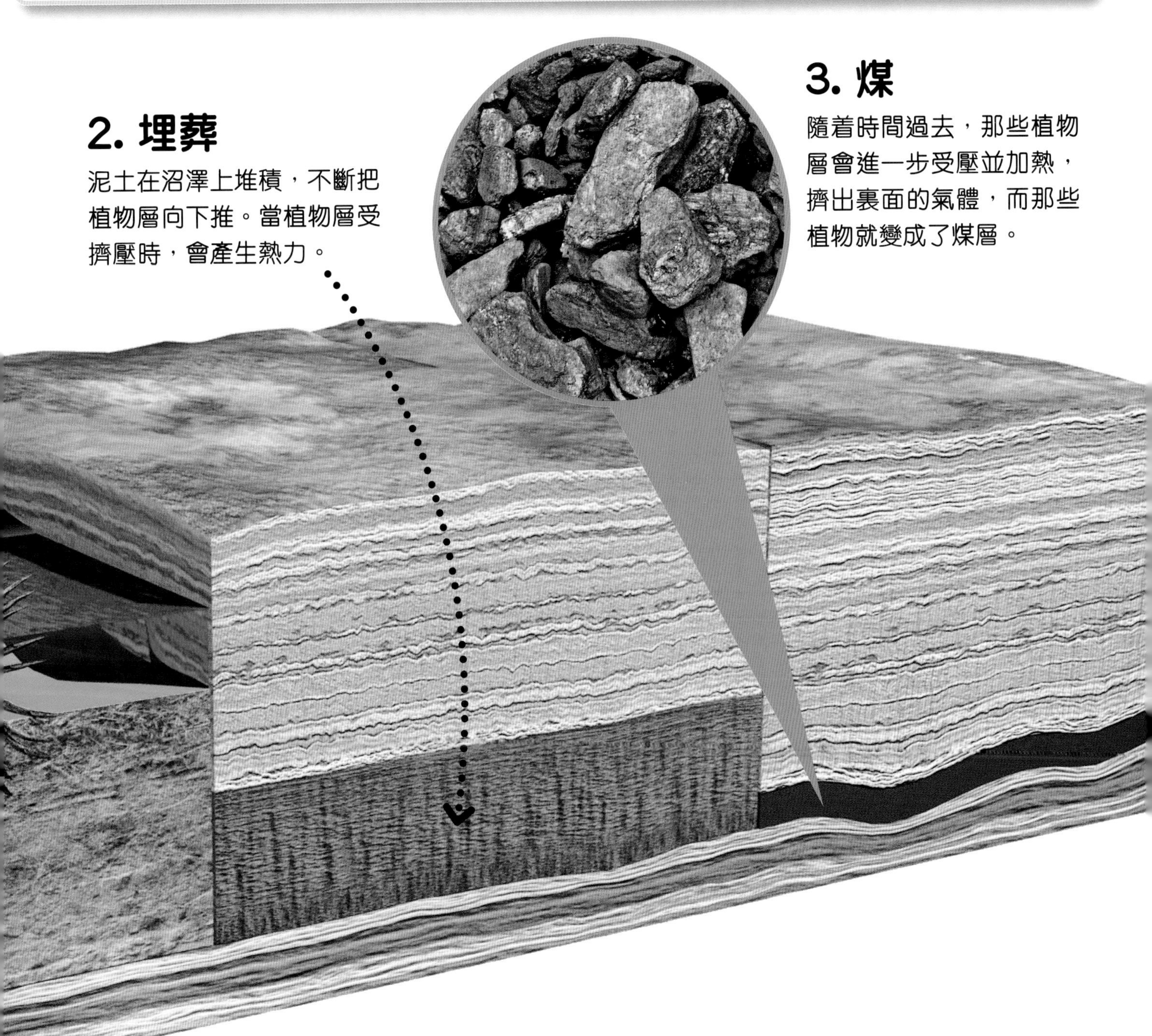

力與運動

力一般是指施加在物體上的推力和拉力，它能令物體的速度加快、減慢或改變其形狀，又能把物體高高舉起來，或是四處移動。

是什麼令物體的速度加快或減慢？

力可以使物體的速度加快或減慢。一位名叫以撒．牛頓的英國科學家發現了3條運動定律，這些定律有助我們理解物體受到推力或拉力作用時，會發生什麼事。

第一定律

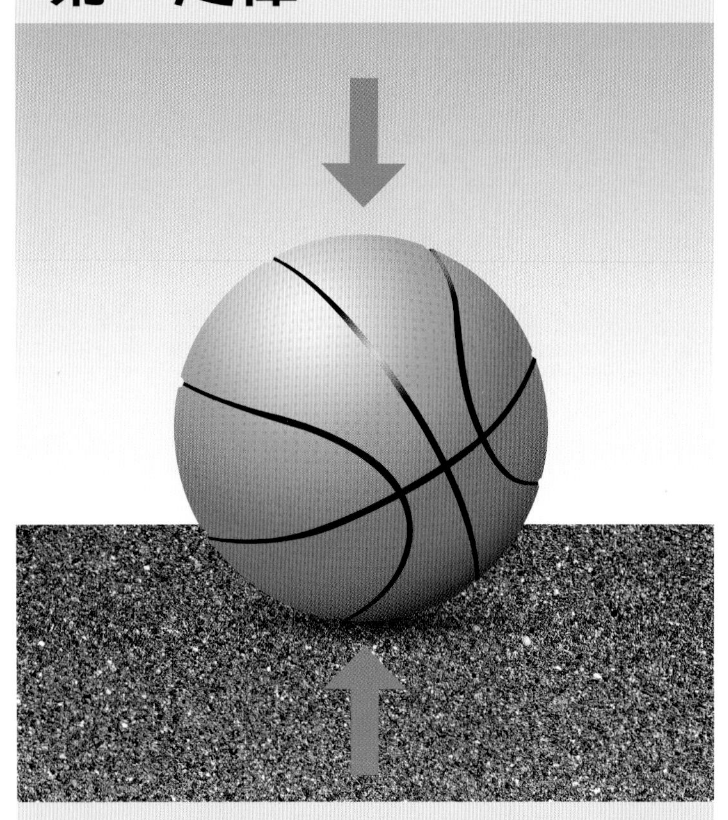

靜止的球

當力達到平衡時，物體會保持靜止。如果物體正在移動，那就會維持着恆速移動。只有受到外力作用時，物體才會改變速度。

第二定律

越來越快

如果我們用手把籃球向前推，所施加的外力就會使籃球的速度加快，並朝着我們推它的方向移動。

為什麼動物能跑得或游得這麼快？

強而有力的腿

獵豹的身體很輕，並擁有強而有力的腿，這使牠們跑得很快。加上獵豹的腳有良好的抓地力，讓牠們跑步時可從地面推出去。

流線型的身體

企鵝能夠輕鬆地在水中快速游動，是因為牠們的身體光滑、末端呈尖狀，這樣的身體就叫做流線型。

加速就是使速度加快的意思。

第三定律

反彈回來

每一個動作，都有一個大小相等、方向相反的反作用力。如果球以某個速度推向牆壁，牆壁便會向着相反方向把球推回來。

對或錯？

1 在太空中移動的物體會永遠保持移動，因為那裏沒有空氣減慢物體的速度。

2 在空中移動的物體會受到空氣向後推的力，而漸漸減慢速度。

3 當力達到平衡時，物體會緩慢地移動。

請翻到第139頁查看答案。

是什麼令物體不打滑？

如果你摩擦雙手，掌心之間的摩擦力便會產生熱力。

當兩個表面正在滑動，或是即將滑動時，兩者之間便會產生摩擦力，使物體的速度減慢並讓它停下。例如我們走路時，鞋底與地面之間會有摩擦力。

摩擦力的原理

兩個表面滑動時會互相摩擦，使彼此的速度減慢。摩擦力與物體運動的方向總是相反的。

兩個表面之間會產生方向相反的力。

兩個表面滑動

為什麼有些鞋子不防滑？

滑雪板

滑雪板底部的表面光滑，可以減少摩擦力，讓你能在雪地上輕鬆滑行。加上滑雪板下面的雪和冰會融化，進一步減少摩擦力，那就能使你滑行得更快捷順暢。

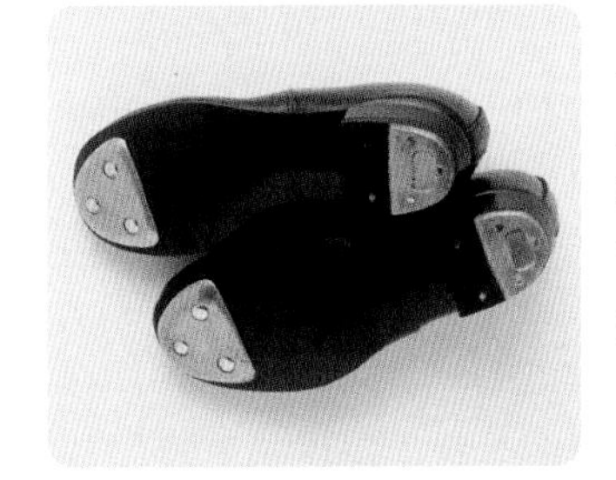

踢躂舞鞋

踢躂舞鞋的鞋底是用拋光金屬製成，這能大大減少鞋底與地面之間的摩擦力，因此穿着鞋的時候可以四處滑行。

粗糙的表面

粗糙的表面能增加摩擦力，而濕潤、結冰或泥濘的表面則會減低摩擦力。因此在這些情況下駕駛，汽車會較容易打滑。

抓地力強

輪胎最外層有胎紋，以增加摩擦力，這樣就可以抓緊路面或軌道了。

對或錯？

1 足球員利用摩擦力，向着他們所想的方向踢球。

2 空氣與飛機之間的摩擦力稱為空氣阻力。

3 粗糙表面產生的摩擦力比光滑表面大。

請翻到第139頁查看答案。

磁鐵如何吸引物體？

磁鐵有兩極，一端是北極，另一端是南極。兩極之間有一個看不見的力場，稱為磁場。當帶有磁性的金屬和其他磁鐵進入另一塊磁鐵的磁場時，就會被吸引住。

南極

南極會把北極拉向自己，並把其他南極推開。

北極

北極會把南極拉向自己，並把其他北極推開。

N S

磁鐵有什麼作用？

交通工具

磁浮列車的軌道上裝有強大的磁鐵，使列車能懸浮在軌道上方數毫米飛馳，是地球上最快的鐵路交通工具之一。

導航

指南針利用地球磁場，幫助我們找到方向。無論何時，指南針上的磁針總是指着北方。

地球磁場

地球具有磁場，可以保護我們免受外太空有害射線的傷害。北極和南極地區是地球磁場最強的地方。

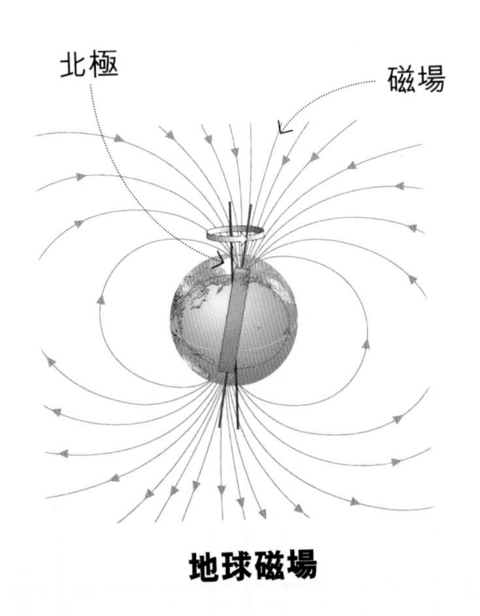

地球磁場

磁力更強

在磁鐵兩極附近的磁力
是最強的。

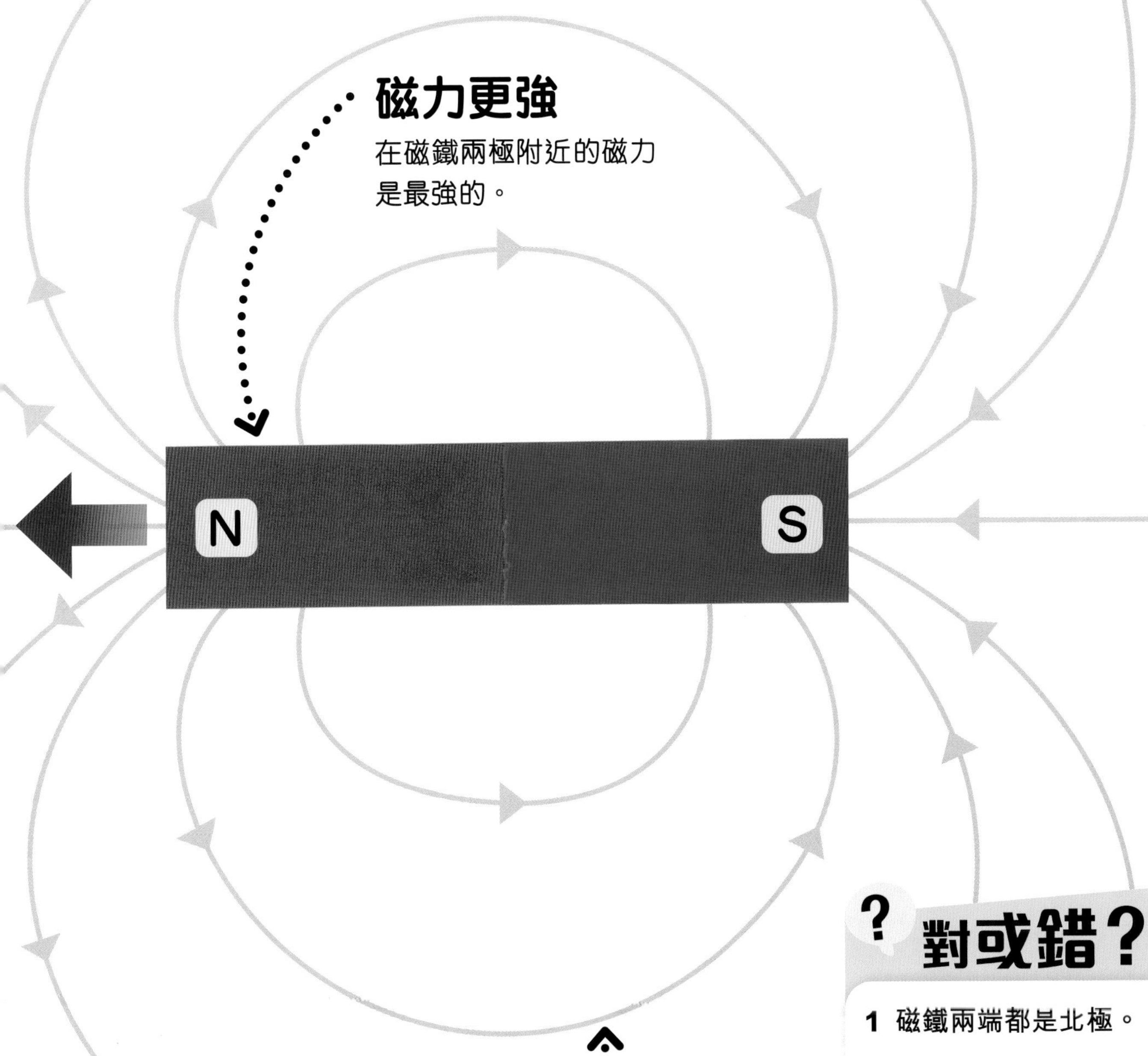

N

S

磁場線

磁場線顯示磁力的方向。
物體不需要接觸到磁鐵，
即可被磁鐵吸引過去。

? 對或錯？

1 磁鐵兩端都是北極。

2 如果你把圖中的磁鐵切成紅藍兩半，那將會變成兩塊磁鐵。

3 磁鐵可以吸住鋁罐。

請翻到第139頁查看答案。

如何移動東西會更輕鬆？

機械能使推力或拉力變大，或改變施力的方向，以幫助我們更輕鬆地移動物件。槓桿、滑輪和齒輪都是常見的簡單機械。

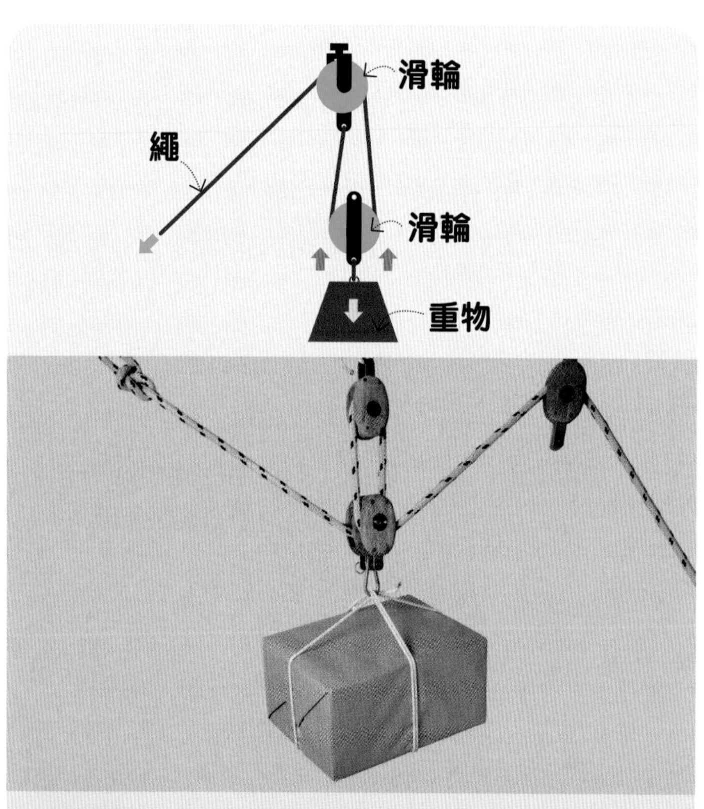

滑輪

滑輪減少了舉起重物所需的力，滑輪越多，我們就越容易舉起重物。

槓桿

與光用力舉起物體相比，我們可以用較小氣力，更輕鬆地舉起放在槓桿另一端的重物。

對或錯？

1 門的把手運用了槓桿。

2 烏鴉懂得使用槓桿。

3 螺絲是一種簡單的機械。

請翻到第139頁查看答案。

還有哪些類型的簡單機械？

螺絲

螺絲可以改變施力的方向，把旋轉的力變成向下推進的力。當你轉動螺絲時，螺絲會向下推。

斜面

斜面或坡道通過增加距離，能減少讓輪椅上升所需的推力。

齒輪

齒輪可以改變旋轉的方向和速度，單車就是利用齒輪來推動。我們只需要踩動踏板，就能轉動車輪了。

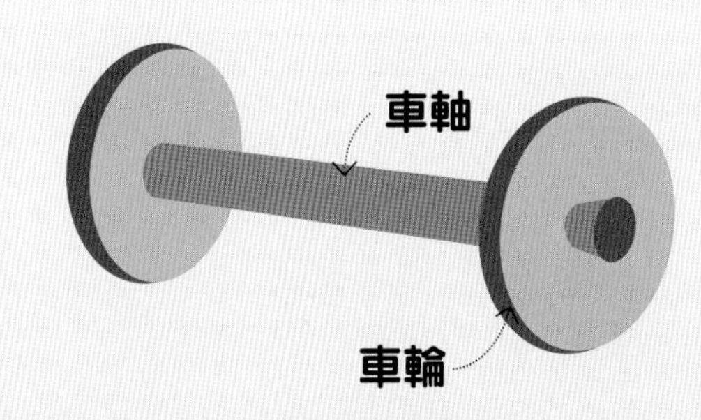

車輪和車軸

車輪是一種會旋轉的機械，能讓物體輕鬆地沿着地面移動。車軸可以把兩個車輪連接在一起，還能與車輪分擔重量。

如何令汽車開動？

大多數汽車都是以汽油作為燃料。這些燃料經壓縮後，會存放在引擎的汽缸裏。當有人啟動汽車時，就會點燃汽油，使它發生爆炸來推動活塞，再使一條稱為曲軸的長桿轉動。隨着曲軸轉動，就能驅動車輪，使汽車向前行駛。

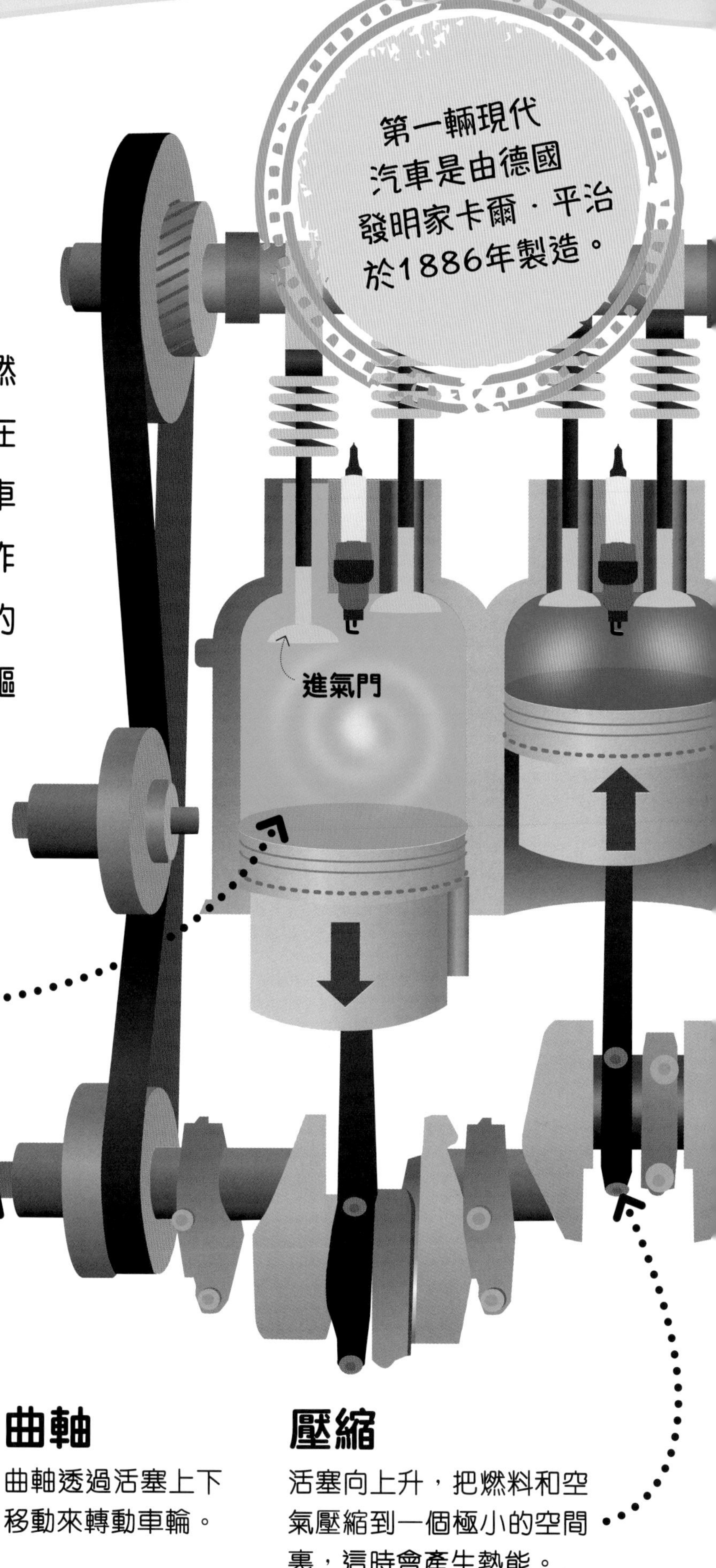

進氣

每當曲軸轉動，活塞就會向下移動，把燃料和空氣吸進去。

曲軸

曲軸透過活塞上下移動來轉動車輪。

壓縮

活塞向上升，把燃料和空氣壓縮到一個極小的空間裏，這時會產生熱能。

考考你

1 目前世界上有多少輛汽車？

2 當燃料和空氣被壓縮到一個狹小的空間時，會發生什麼事？

3 汽油和柴油是由什麼提煉而成？

請翻到第139頁查看答案。

汽車引擎的位置

引擎通常位於汽車的前面，負責驅動前輪，以推動汽車前進和後退。四驅車則可同時轉動兩組車輪。

汽車透視圖

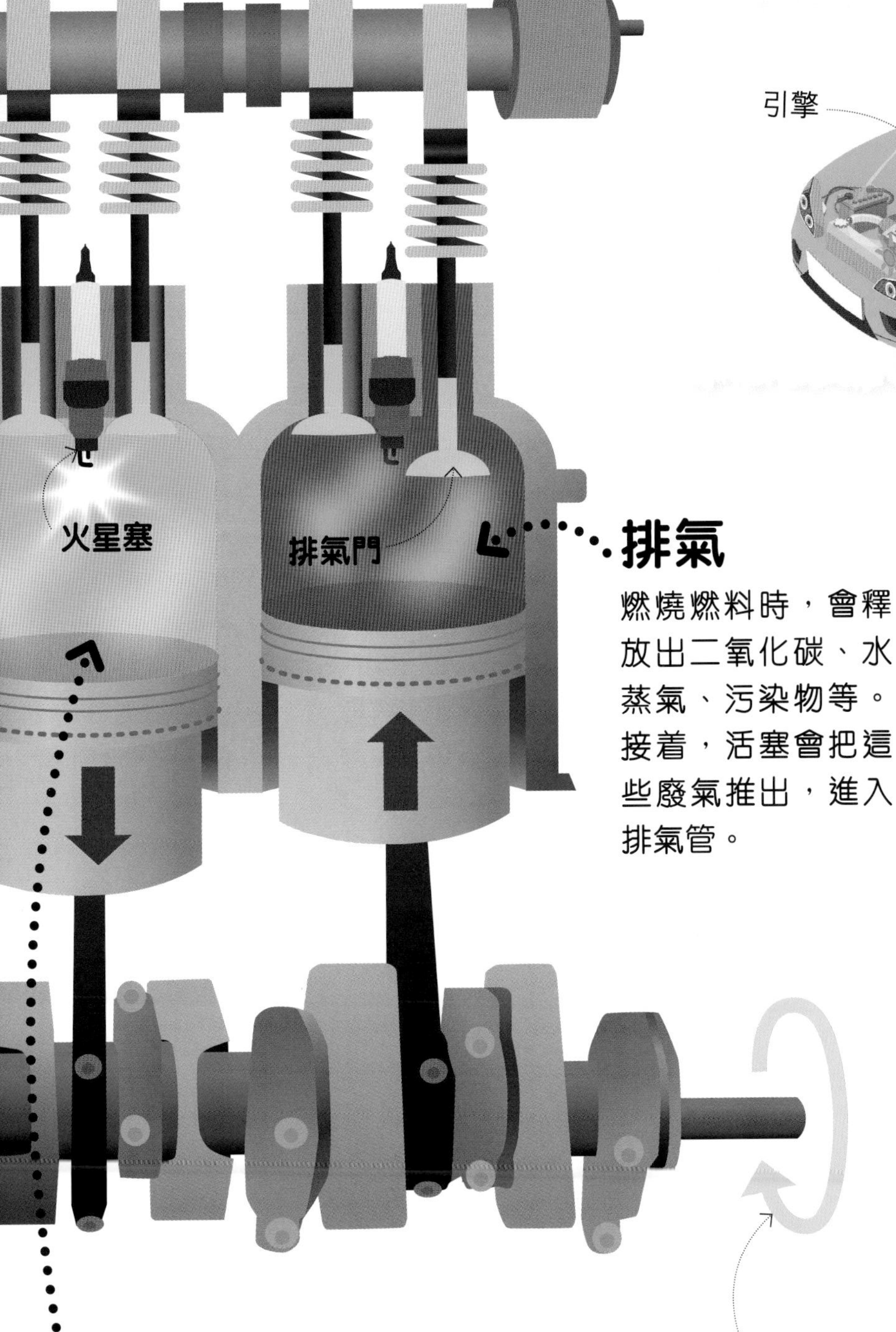

排氣

燃燒燃料時，會釋放出二氧化碳、水蒸氣、污染物等。接着，活塞會把這些廢氣推出，進入排氣管。

點火

小小的電火花點燃了經壓縮的燃料和空氣，使它發生爆炸，令活塞向下推，從而帶動曲軸轉動。

我們還可以如何為汽車提供動力？

柴油

很多舊式汽車會使用柴油作為燃料，為引擎提供動力。不過，柴油汽車會帶來嚴重的污染問題。

電動車

有些現代汽車會結合燃料和電力作為動力來源，有些則完全依靠電力來行駛。

為什麼我們不能漂浮？

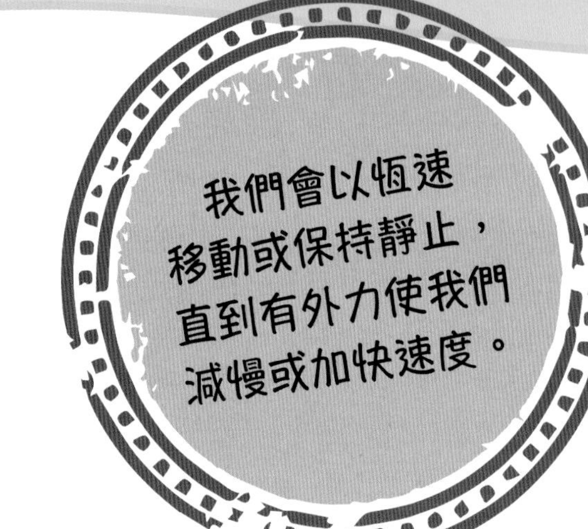

有一種看不見的力不斷把我們拉向地球，這種力稱為重力（即地球對物體的引力）。當我們把球向上拋，它會因為重力而落下。重力使我們不會漂浮起來，飛到太空中。

起飛

滑板手把滑板推離地面，以克服地球的重力，使它起飛。

向上的力

飛起來

隨着滑板手飛向半空，重力會使他減慢速度，直到他停止向上移動。

我們還可以在哪裏看到引力作用？

太陽系

行星會在特定的軌道上，圍着太陽這顆恆星繞圈，那是因為受到萬有引力的作用。同樣地，萬有引力讓月球圍着地球繞圈。

山泥傾瀉

當斜坡上的泥土或岩石變得不穩定時，就會滑落下來。那是因為受到地心吸力的作用，把泥土或岩石向下拉。

掉下來

滑板手開始下降，並隨着重力把他向下拉，他會越落越快，這叫做加速。

安全着陸

地面使向下加速的滑板停下來，令滑板手成功降落。他彎曲雙腿，以緩衝來自地面向上的力。

? 考考你

1 在飛機起飛和降落之間，重力會如何變化？

2 當一個物體的運動速度越來越快時，叫做什麼？

3 如果施加在一個物體上的力達到平衡時，它會怎麼樣？

請翻到第139頁查看答案。

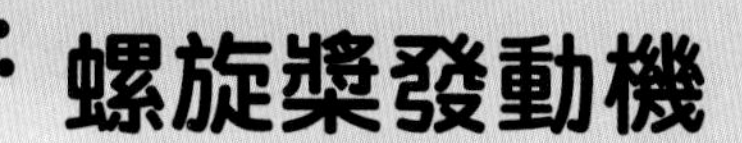

螺旋槳發動機

當螺旋槳旋轉時，它把空氣向後推出的速度比空氣進入時要快，這會產生一種推力，使飛機向前推進。

飛機如何在空中飛行？

當飛機向前移動時，空氣會流經機翼，然後朝着地面向下推。隨着飛機的速度越來越快，空氣向下推的力足以令整架飛機升起到空中。

考考你

1 機翼的形狀如何使飛機升起來？

2 與升力方向相反的是什麼力？

3 水平尾翼的用途是什麼？

請翻到第139頁查看答案。

水平尾翼

水平尾翼的功能就像小型機翼一樣，能防止飛機旋轉，讓它在空中保持平穩。

火箭如何飛上天空？

火箭推動力

當火箭起飛時，熱氣體會從火箭底部衝出來，從而產生一種與空氣流動方向相反的力，把火箭向上推。

飛機機翼的形狀能把空氣向下推，這種形狀稱為翼型。

升力

風的方向

由緩慢流動的空氣所施加的壓力。

機翼

機翼的形狀能把流經的空氣向下推，空氣向下的力把飛機以相反方向往上推，這叫做升力。

飛行主力

飛行中的飛機會受到4種主要的作用力，分別是：阻力、升力、推力和重力。

推力是飛機向前推進的力，它是由空氣和熱氣體以相反方向急速流動而產生。

升力是使飛機脫離地面升起的力，它是由機翼把空氣向下推而產生。

升力

推力

阻力

重力

重力是把飛機向下拉的力，也就是飛機本身的重量。

阻力是指空氣使飛機減慢速度的力，它與推力的方向相反。

СОЮЗ ТМА

我們的星球

宇宙主要由空蕩蕩的空間組成，而我們就住在茫茫宇宙中的一顆岩石行星上，天天繞着恒星運行。這顆岩石行星就是地球，是暫時唯一擁有適合生命生存條件的星球。

地底的生命

有些動物生活在地殼的土壤中，例如蜈蚣。牠們會在土壤中挖洞居住，翻鬆四周的泥土。

對或錯？

1 地殼分裂成一塊塊可移動的巨型拼圖。

2 我們可以挖洞挖至地核。

3 地球的核心比太陽還要熱。

4 花崗岩經常用作建築材料。

請翻到第139頁查看答案。

地殼

地殼是構成地球表面的固態岩石層，包括了陸地和海洋的底部。

地幔

地球最厚一層是地幔，它是熱燙的固態岩石。當溫度高得足以熔化岩石時，岩石便會變成液體，稱為岩漿。

如果地球的大小有如一個蘋果，那麼地殼就好像蘋果皮一樣厚。

地洞可以挖多深？

地洞最多只能挖至地球的頂層——地殼，真可惜！假如我們可以挖穿地球各層，那就會穿越土壤、固態岩石、熱燙的岩石和液態金屬，最終到達地球的中心，即由固態金屬構成的核心。

外核
地球的外核由液態鎳和鐵構成。

內核
地球的內核被上面各層壓縮成固體，由熾熱的固態鎳和鐵構成。

地殼是由什麼岩石構成？

花崗岩
陸地下面的地殼主要由花崗岩構成，上面有高山、土壤和建築物覆蓋。

玄武岩
海牀較薄的地殼主要由玄武岩構成，上面有沙和海水覆蓋。

為什麼大地會震動？

地球的板塊每年都會移動幾厘米，與指甲的生長速度差不多。

地球的表面是由稱為板塊的巨大岩石構成，這些板塊會移動，有時還會互相卡住。當岩石突如其來地移動，那就會使大地震動，引發地震。

斷層線

沿着一大片岩石出現的一條條裂縫稱為斷層，這些斷層可能是巨大板塊的邊界，也有可能是板塊其他部分較小的裂縫。

? 考考你

1 我們用什麼儀器來測量地震？

2 用來測量地震規模大小的標度叫做什麼？

3 板塊有哪3種主要的移動方式？

請翻到第139頁查看答案。

板塊邊界的類型

邊界是指兩塊巨大板塊相遇並擦過的地方，板塊在邊界會以3種不同的方式移動。

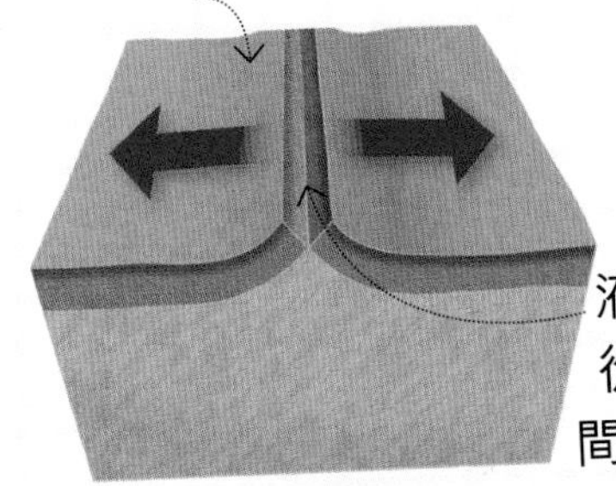

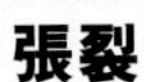

張裂

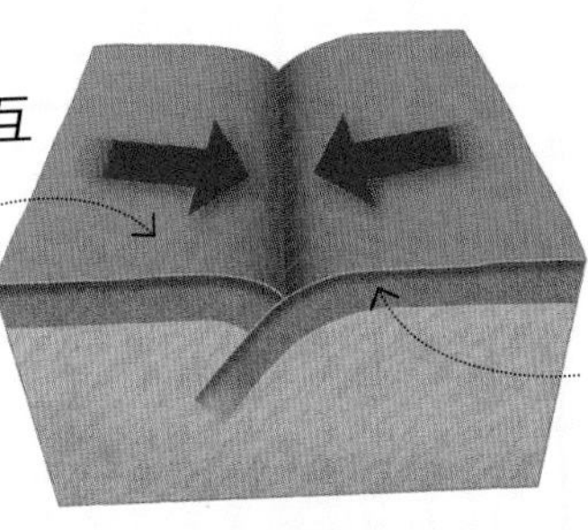

聚合

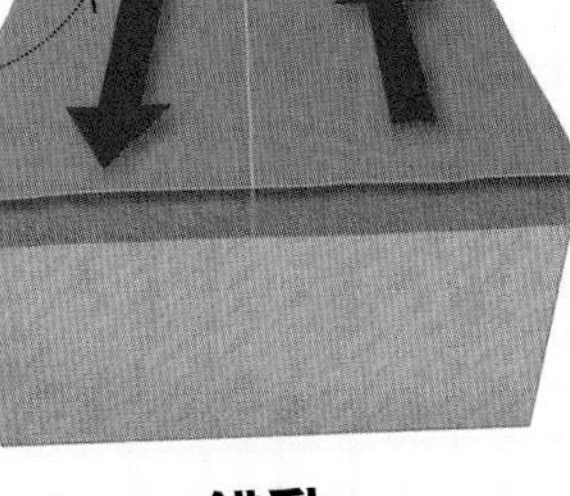

錯動

易彎的岩石

岩石移動時會拉長和彎曲，有時還會彈回原位，使地球發生震動。

看看下面的地圖，你知道地震在哪裏發生嗎？

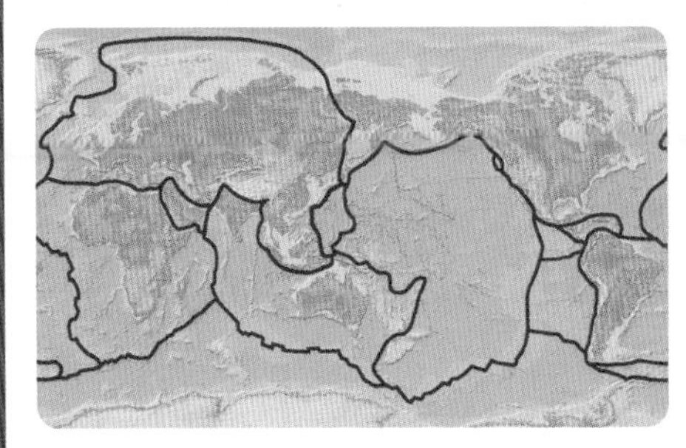

板塊邊界

地球的表面分裂成一塊塊的巨型岩石，稱為板塊。地震大多數發生在板塊邊界，即不同板塊互相摩擦的地方。

雨從哪裏來？

水在陸地、河流、空中和海洋之間不斷流動，這稱為水循環。這個過程從太陽開始，它的熱力使海洋中的水上升到空中，最終變成雨落下來。

1. 蒸發

當太陽照在水面時，水會變熱並開始蒸發。這表示水從液體變成了氣體，而這氣體就是水蒸氣。

2. 凝結

隨着水蒸氣向上升，它開始冷卻並變回小水點，最後形成雲，這稱為凝結。

所有水都是一樣的嗎？

淡水

淡水是適合我們飲用的水，例如雨水就是淡水。我們可以在湖泊、溪流、河流、地下水和冰塊中找到淡水。

鹹水

鹹水佔地球上97.5%的水，例如海洋裏的水就是鹹水。與淡水比較，它帶有鹹鹹的味道。

3. 降水

小水點越積越多，當它比周圍的空氣重時，就會變成雨、雪或冰雹，從雲上落下來，這稱為降水。

看圖小測驗

我們把雨水不足的情況稱為什麼？

請翻到第139頁查看答案。

4. 徑流

雨水落入小溪，再流入河流，然後進入大海。

5. 回到海裏

水流回大海或落入湖泊，在那裏太陽又會把水加熱，讓整個水循環再次開始。

為什麼地球是藍色？

地球表面超過三分之二被水覆蓋着，因此從太空那裏遙望，會看到地球是藍色的。巨大的海洋裏隱藏着深溝、火山和山脈，那裏是各種生物的家園。

世界上的海洋

地球上有4個海洋，較小的海和海灣（通常靠近陸地）也屬於海洋一部分。住在海洋裏的浮游植物對地球大有用處，為我們提供超過三分之二可呼吸的氧氣。

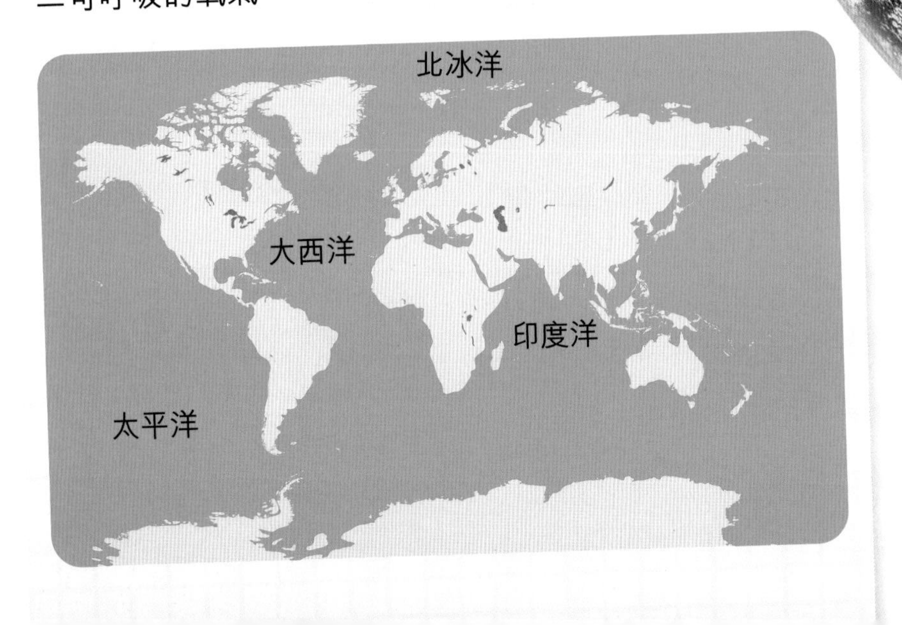

雲

從太空拍攝到的地球照片中，可看到在大氣層中捲成一圈的白雲。

太平洋

太平洋是地球上最大的海洋，它佔了地球表面的三分之一。

對或錯？

1 最大的海洋是大西洋。

2 海洋最深處位於海平面以下11公里。

3 在冬季，北冰洋幾乎完全被冰覆蓋。

4 鮟鱇魚是在無光帶棲息的海洋生物。

請翻到第139頁查看答案。

海洋有多深？

透光帶

透光帶是由海平面到水深約200米的範圍，這是陽光可以照射到的地方。在這裏，我們可以看到珊瑚礁和五彩繽紛的魚。

弱光帶

弱光帶是水深200至1,000米的範圍，這裏比透光帶暗。

無光帶

無光帶是水深1,000至4,000米的範圍，除了海洋生物發出的微弱燈光外，這裏是完全黑暗的。

風從哪裏來？

太陽照在地球上，使地球的表面變熱。由於陸地吸熱的速度比水快，因此陸地上方的空氣較海洋上方的空氣暖。暖空氣上升，冷空氣下降，這種空氣的流動產生了風。

西風

地球的自轉會影響風向。從北極和南極而來的冷空氣會流向溫暖的赤道，由於地球靠近赤道的部分旋轉得較兩極快，因此風最終會向西移動。

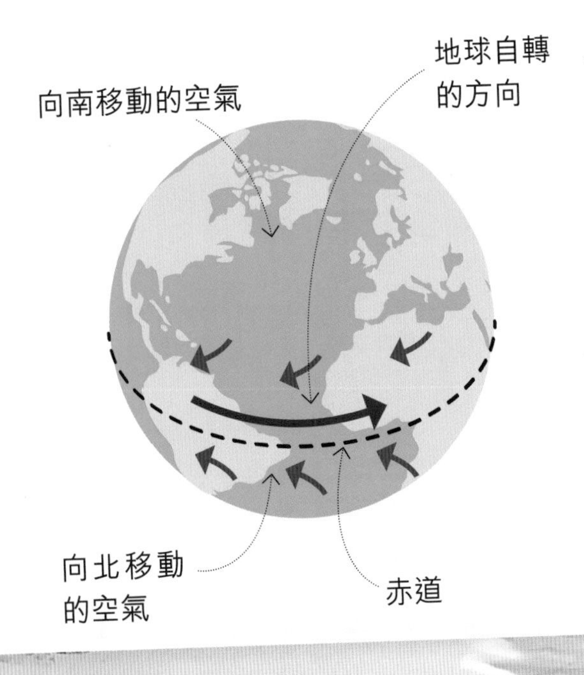

陸地的空氣

陸地上方的暖空氣受熱膨脹，較冷空氣壓縮得少。因此暖空氣會上升，在冷空氣上方漂浮。

考考你

1 為什麼陸地上方的空氣比海洋上方的空氣暖？

2 我們把風速極快的風叫做什麼？

3 我們用什麼標準來測量和評級風力？

請翻到第139頁查看答案。

我們如何知道風的動向？

風向袋

風向袋是用來顯示風向的儀器，一般會在機場使用。當有風吹過時，空心的管道會飄起來。

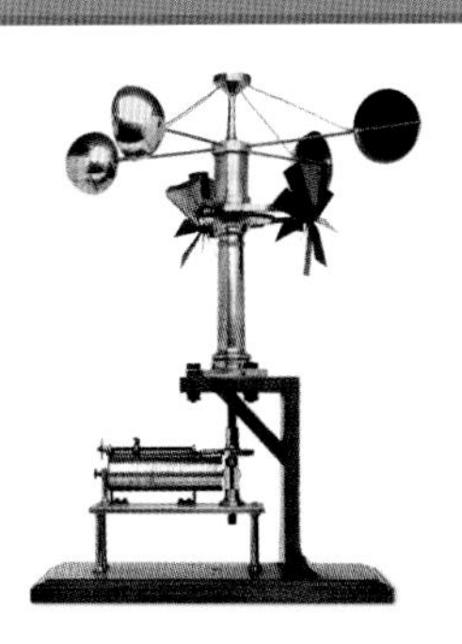

風速計

風速計是用來測量風速的儀器，儀器上的小杯會隨着風吹而旋轉。風速越快，小杯便旋轉得越快。

空氣的流動

隨着暖空氣上升，它開始冷卻並形成雲，這些雲會飄移到海洋上方。

下降的空氣

濕潤的冷空氣比暖空氣重，而且靠得更近，於是它會向下降。

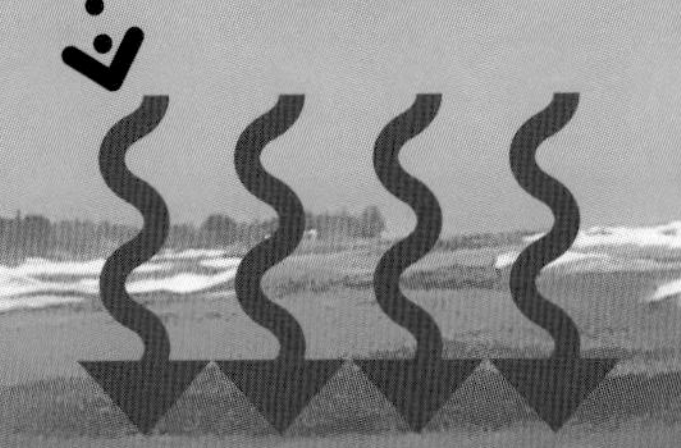

海風

冷空氣被吸向陸地，以填補陸地上升的暖空氣，這種空氣的流動稱為海風。

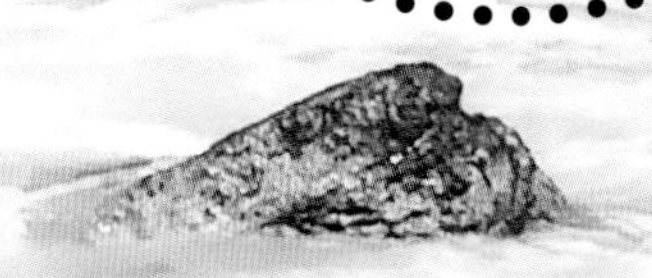

熱帶氣旋裏面有什麼？

熱帶氣旋是會旋轉的巨大風暴，裏面滿是雲、風和雨。當空氣從温暖的海洋向上升時，水便開始旋轉，形成熱帶氣旋。

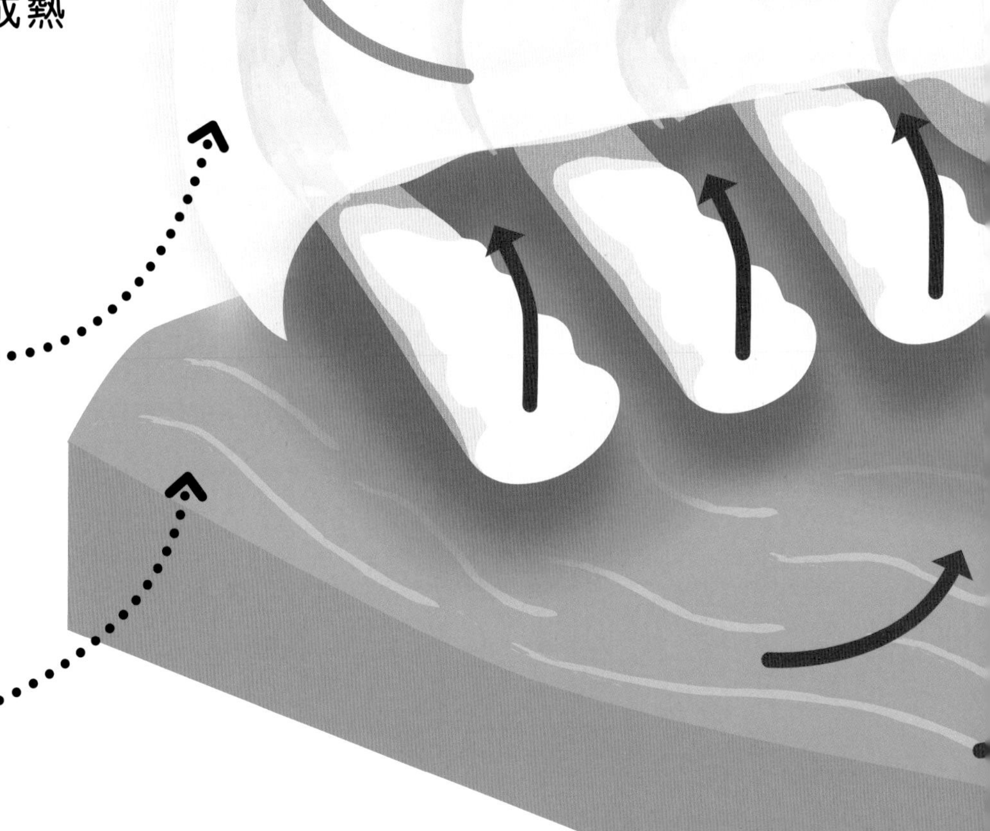

冰雲

雲從熱帶氣旋中心湧出，在它頂部形成一層薄薄的冰雲。這層冰雲與下面的雲會以相反方向移動。

海洋水域

熱帶氣旋會在大海水深至少60米，温度至少攝氏27度的地方出現。

熱帶氣旋如何影響我們？

造成破壞

熱帶氣旋的風力非常強大，能吹毀建築物、破壞電力和水源供應，還會使人們不能上學和上班，甚至失去家園。

洪水氾濫

熱帶氣旋能夠產生巨大的海浪，把沿海城鎮淹沒。在熱帶氣旋吹襲期間，數小時內可以降下足足一個月的降雨量。

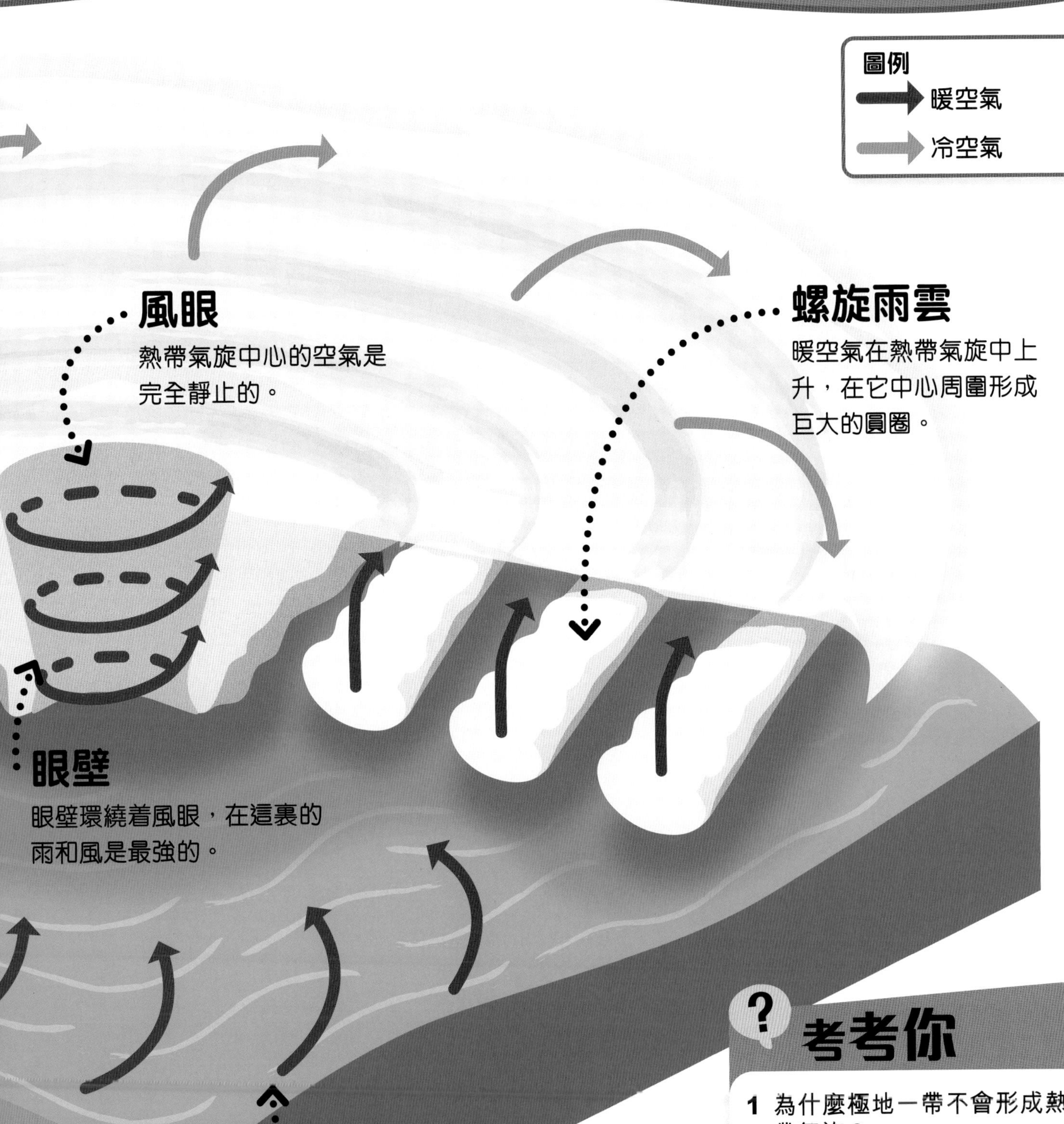

風眼

熱帶氣旋中心的空氣是完全靜止的。

螺旋雨雲

暖空氣在熱帶氣旋中上升，在它中心周圍形成巨大的圓圈。

眼壁

眼壁環繞着風眼，在這裏的雨和風是最強的。

海面風

熱帶氣旋的風速超過每小時120公里，當這陣強風吹過海洋表面，會引起巨浪。

考考你

1 為什麼極地一帶不會形成熱帶氣旋？

2 熱帶氣旋哪一部分造成的天氣最惡劣？

3 風暴要達到什麼速度才能稱為熱帶氣旋？

請翻到第139頁查看答案。

軌道衛星

地球與太空的分界線在哪裏？

地球受到一些氣體層保護，這些氣體層叫做大氣層。在海拔約100公里就是地球大氣層的終點，也就是太空的起點，這條分界線稱為卡門線。

散逸層

這是大氣的最後一層，在這個區域裏完全沒有空氣，恍如真空的外太空。

熱成層

這是大氣逐漸消失而進入太空前的最後一層，卡門線就在這層。這裏的溫度能達到攝氏2,000度。

其他行星有大氣層嗎？

木星

木星是一顆由氣體構成的行星，它有一層厚厚的大氣，那是由氫氣、氦氣、甲烷和氨氣組成。

水星

水星是一顆岩石行星，它的重力小，而且幾乎沒有大氣層。水星周圍的氣體會被來自太陽的太陽風吹走。

? 對或錯？

1 重力把大氣層固定在原位。

2 地球是唯一擁有大氣層的行星。

3 在平流層裏，上方的溫度較高，下方的溫度較低。

4 地球表面有些地方沒有臭氧層。

請翻到第139頁查看答案。

散逸層
（690-10,000公里）

熱成層
（85-690公里）

中間層

這是大氣層中最冷的區域，大部分隕石撞擊地球前會在這裏破裂。

流星

中間層
（50-85公里）

平流層

平流層包括了臭氧層，來自太陽的有害射線會被臭氧層吸收，保護地球免受傷害。

卡門線
（100公里）

火箭

飛機

平流層
（20-50公里）

對流層
（0-20公里）

對流層

這層是各種天氣形成的地方，也是唯一一層可以讓我們自然呼吸的大氣。

熱氣球

月球去了哪裏？

月球環繞地球運行一圈，大約需要1個月時間。我們能看見月亮，是因為它反射太陽的光。當月亮繞着地球轉，反射出的陽光量不同，月亮的形狀也不同了。有時候月球看來好像消失了，但實際上它一直都在，只是我們不能時常看到它把陽光反射出來。

哪些行星也有衛星？

木星

木星至少有九十多顆衛星，其中一顆叫木衛一，上面有很多活火山；還有一顆叫木衛二，則被冰覆蓋着。

土星

土星至少有八十多顆衛星，其中一顆叫土衛六，那是由冰和岩石構成，並有有一層氣體環繞四周。

光與暗

月球面向太陽那一面會被照亮，而背着太陽的那一面則處於陰影中。

蛾眉月

上弦月

月相

從地球上看，月球每個月期間都不斷改變形狀，出現不同的月相。

盈凸月

我們從地球上看，永遠只能看到月球的同一面。

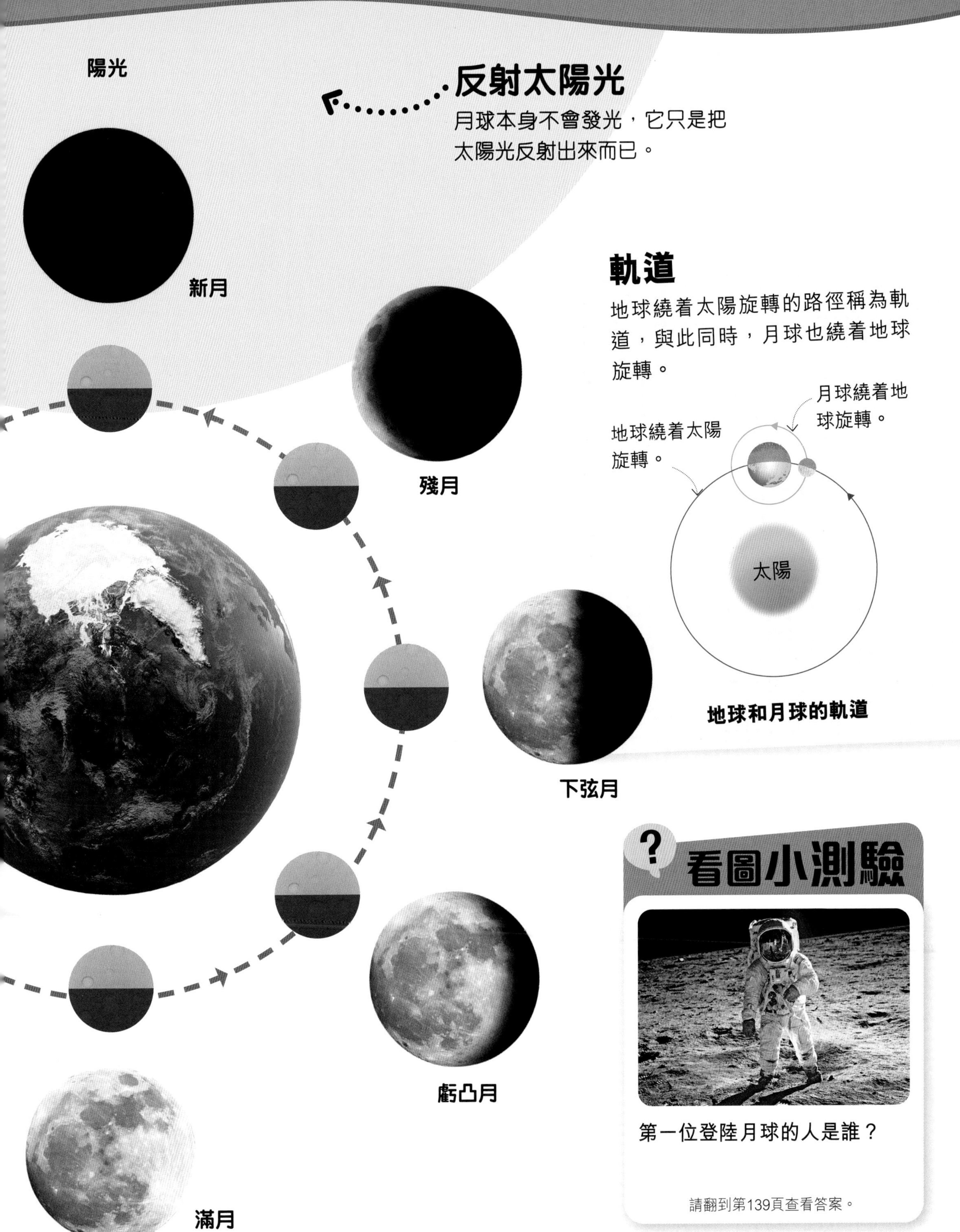

反射太陽光

月球本身不會發光，它只是把太陽光反射出來而已。

軌道

地球繞着太陽旋轉的路徑稱為軌道，與此同時，月球也繞着地球旋轉。

地球和月球的軌道

看圖小測驗

第一位登陸月球的人是誰？

請翻到第139頁查看答案。

我們可以住在其他行星上嗎？

一顆行星需要具備完美的成分和條件，才能讓我們存活。成分方面包括液態水、氧氣和食物；而條件方面則包括合適的溫度和重力，以及不會受有害射線傷害。

太陽

太熱的金星

金星有一層厚厚的有毒大氣層，把大量熱力困住，使金星成為太陽系中最熱的行星。

金星

太熱又太冷的水星

水星

對我們來說，水星面向着太陽那一面太熱了，而背向太陽那一面卻又太冷，而且它沒有大氣層。

地球

火星

紅色星球

火星的大氣層很薄，不但無法困住太陽的熱力，甚至會反射到太空中，因此火星對我們來說太冷了。

完美的條件

地球擁有大氣層、液態水和合適的重力，位於「適居帶」。這表示地球不會太熱也不會太冷，對我們來說剛好合適。

大氣層是包圍着行星的一層氣體。

遙遠的行星上有生命存在嗎？

開普勒 186f

它位於行星系統的適居帶上，而且上面可能有水。但就算我們可以用光速移動，也需要500年才能夠去開普勒 186f 一趟。

開普勒 452b

這顆行星的大小與地球相若，而且繞着一顆類似太陽的恆星運行。在這顆行星的行星系統中，它同樣位於「適居帶」，但科學家仍不知道那裏是否有水。

考考你

1 哪顆行星曾經與地球很相似？

2 為什麼我們不前往太陽系外的行星？

3 在我們的太陽系外那些行星叫做什麼？

請翻到第139頁查看答案。

氣態巨行星

4個外行星都是由氣體構成的，因此它們沒有固體表面。由於這些天體實在太龐大了，那裏產生的重力會把我們壓扁。

木星

土星

天王星

海王星

太空是由什麼構成？

太空主要是由一個廣闊、寂靜、空蕩蕩的空間構成。這裏看起來一片漆黑，那是因為類似恆星的發光體之間存在着巨大間隙。太空一直在擴張，假如它有盡頭，我們也不知道會在哪裏結束。

星系

太空中有成千上萬的恆星羣，稱為星系。在星系的中心是崩塌了的恆星，那就是黑洞。

黑暗物質

科學家認為太空中存在着一種看不見的物質，稱為黑暗物質。那裏還有一種看不見的力，叫做黑暗能量。宇宙大部分空間都是由黑暗物質和黑暗能量構成。

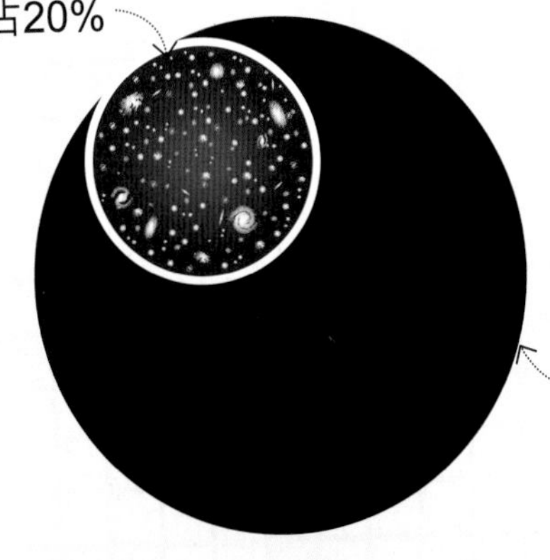

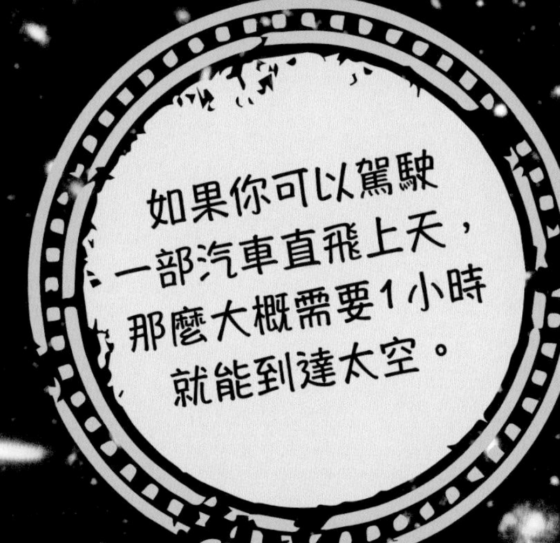

對或錯？

1 宇宙中的星系比地球上的人還要多。

2 我們的恆星——太陽，大約處於生命周期的一半。

3 太空中主要由恆星構成。

請翻到第139頁查看答案。

恆星

恆星有很多不同的類型，有些剛剛才誕生，有些已到達生命的盡頭，並以爆炸告終。恆星之所以會發光，是因為它們在高溫下燃燒氣體。

我們如何拍攝太空照片？

地面望遠鏡

相比起在太空中，在地面建造和固定望遠鏡容易得多。巨大的望遠鏡可以拍攝到太空的詳細影像。

哈勃太空望遠鏡

哈勃太空望遠鏡在太空中漂浮，它拍攝的宇宙照片不會受地球上光害的影響。

人們如何上太空？

早在1960年代，人們就開始乘坐太空火箭和太空穿梭機上太空。地球的重力會把物體向下拉，因此太空火箭需要有足夠強大的力，才能脫離地球的重力。

太空艙

聯盟號太空艙可以保護人類免受太陽射線，以及火箭快速穿過地球大氣層時產生的熱力傷害。

火箭動力

火箭能使太空艙升空，然後與太空艙分離，並返回地球。與此同時，太空艙繼續在太空中前進。

在太空艙裏

火箭最多可容納3名太空人，以及提供給國際太空站的物資。太空人需要隨身帶備食物、水和空氣。

人們在太空中會做什麼？

修復人造衞星

有成千上萬顆人造衞星繞着地球運行，它們各有功用，包括預測天氣，發送電話、電視和全球定位系統 (GPS) 的信號。

進行實驗

太空人會前往國際太空站，那是一台在太空建造的巨大航天儀。太空人會在那裏住上幾個月，並進行科學實驗。

支撐臂

在火箭發射前，支撐臂會支撐着火箭，使它保持直立，直到升空時才放開。

助推器

捆綁式助推器為火箭升空提供動力。氣體從火箭底部噴出，使火箭向上推進。隨後，助推器便會掉落。

太空人的英文astronaut意思是「在星際航行的人」。

太空衣

由於太空沒有空氣，因此身處太空船外面的人需要隨身攜帶空氣。太空衣可以攜帶氧氣，並保護太空人免受有害的太空射線傷害。而在極端寒冷的太空中，太空衣還能讓太空人的身體保持在合適溫度。

考考你

1 為什麼太空食品通常是乾燥的？

2 第一隻上太空的動物是什麼？牠的名字是什麼？

3 為什麼火箭必須如此強大？

請翻到第139頁查看答案。

詞彙表

Absorption 吸收
某物體把另一物質吸進內部的過程，例如海綿吸收液體。

Adaption 適應
令動物或植物變得更適合在棲息地生存的方式。

Amphibians 兩棲類動物
冷血的脊椎動物，幼體會在水中出生，長大後可在陸地和水裏活動。

Archaeologist 考古學家
尋找和研究古代地方和物品的人。

Artery 動脈
把血液從心臟輸送到身體其他地方的管道。

Atom 原子
可發生化學反應的最小粒子。

Bacteria 細菌
地球上無處不在的微小生物。

Camouflage 保護色
一些動物身上特殊的顏色或圖案，使牠們看起來與周圍的環境融為一體，難以發現。

Capillary 微絲血管
把血液從動脈到靜脈沿路輸送給身體組織的微小血管。

Cardiac 心臟的
用來描述與心臟有關或在心臟附近的事物。

Cell 細胞
構成人體的微小單位，負責進行不同的工作，例如抵抗感染。

Cerebrum 大腦
腦部的一部分，負責思考、記憶、運動、感覺等活動。

Circulatory 循環的
用來描述人體內由心臟和血管組成的系統。

Conduction 傳導
熱力在兩個物體之間傳播的過程。

Convection 對流
熱力透過液體或氣體的流動傳播的過程。

Diaphragm 橫膈膜
一塊藉着上下移動來控制肺部空氣量的肌肉。

Evaporation 蒸發
液體加熱時變成氣體或蒸汽的過程。

Exhale 呼氣
把氣呼出去。

Extracting 提取
從某物質中拿走一些東西。

Filtration 過濾
讓液體或氣體通過某些物質以去除小顆粒的過程。

Fluid 流體
氣體或液體。

Force 力
推動或拉動物體，使它開始移動、更快地移動、改變方向、減慢速度或停止移動等。

Fracture 骨折
斷裂的骨頭。

Friction 摩擦
兩個表面互相摩擦或彼此滑動時產生的力。

Fuel 燃料
可透過燃燒來產生熱力或動力的物質。

Inhale 吸氣
把氣吸進去。

Invertebrate 無脊椎動物
沒有脊柱的動物。

Keratin 角蛋白
在貝殼、動物的爪或皮膚中找到的物質。

Lunar 月球的
用來描述與月球有關的事物。

Malleable 可延展的
可以改變形狀而不會斷裂的物體或材料。

Mammals 哺乳類動物
溫血的脊椎動物，有毛髮覆蓋着牠們的皮膚，並以乳汁來餵養幼兒。

Metamorphosis 變態
一些動物從出生到成年階段經歷不同形態的轉變過程。

Mineral 礦物質
晶體中長出的天然物質，例如鹽。所有岩石都是由礦物質構成。

Molecule 分子
連接在一起的原子羣。

Mucus 黏液
一種又濃又黏的物質，可保護鼻子、肺部和腸道。

Muscle 肌肉
身體內一種可以收縮變短的物質，能使身體活動起來。

Nerve 神經
一串長長的神經元，能在大腦、脊髓和身體各部位之間傳遞電子信號。

Neutron 中子
不帶電荷的粒子。

Nuclear 核能/核電
用來描述與原子核有關的事物。

Nucleus 原子核/細胞核
原子或細胞的中心，是當中最重要的部分。

Orbit 軌道
在引力的作用下，一個物體繞着另一個物體運行的路徑。

Oxygen 氧氣
大氣層中能維持生命的氣體。

Particle 粒子
組成固體、液體或氣體的極小單位。

Photosynthesis 光合作用
綠色植物利用陽光製造食物的過程。

Pressure 壓力
當物體壓在另一物體上時產生的重力或力量。

Radiation 輻射
透過波或粒子來傳送的能量，例如太陽的熱力使我們感到溫暖。

Reptiles 爬蟲類動物
冷血的脊椎動物，牠們有鱗片狀的皮膚，通常透過產卵來繁殖下一代。

Solar 太陽的/太陽能的
用來描述與太陽或太陽能有關的事物。

Spectrum 光譜
指某事物的範圍，例如彩虹的顏色範圍。

Streamlined 流線型
用來描述表面平滑，可以讓空氣輕鬆通過的形狀。

Telescope 望遠鏡
用來觀察遠處物體的儀器。

Vapour 蒸汽
液體因蒸發或沸騰而變成的氣體。

Vein 靜脈
把血液從身體組織輸送到心臟的管道。

Vertebrate 脊椎動物
有脊柱的動物。

Vibration 振動
快速地向前和向後微微移動。

大考驗！

誰最了解科學呢？用這些棘手的問題考考你的朋友和家人吧。

請翻到第136-137頁查看答案。

問題

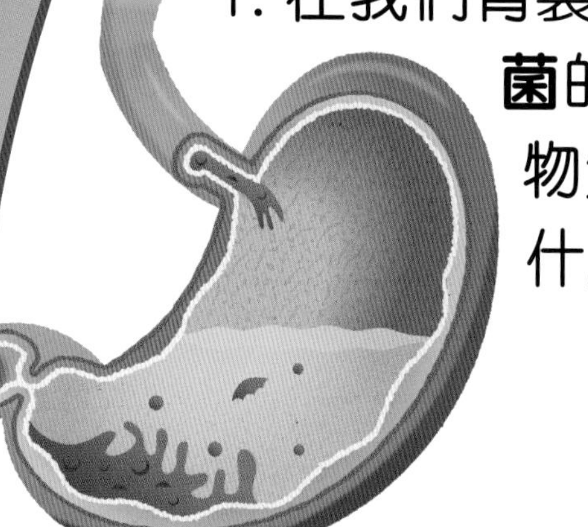

1. 在我們胃裏**殺死病菌**的化學物質叫做什麼？

6. 物質在哪種形態下的粒子會**緊密**地排成規律的形狀？

9. 哪一種**電**可以使我們的頭髮直立起來？

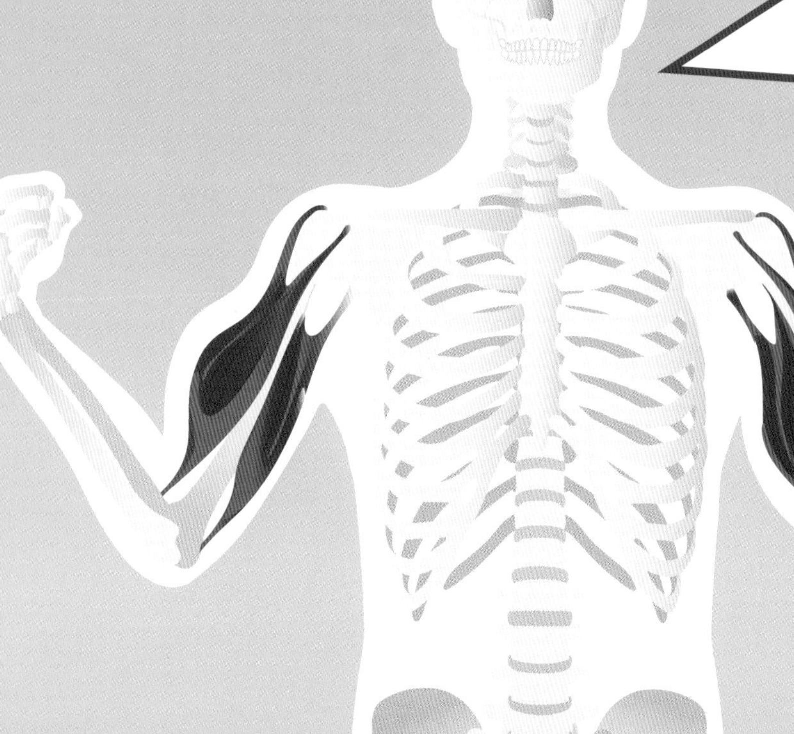

3. **皮膚**的**頂層**叫做什麼？

4. 地球上**最小**的生物是什麼？

5. **羽毛**是由什麼構成？

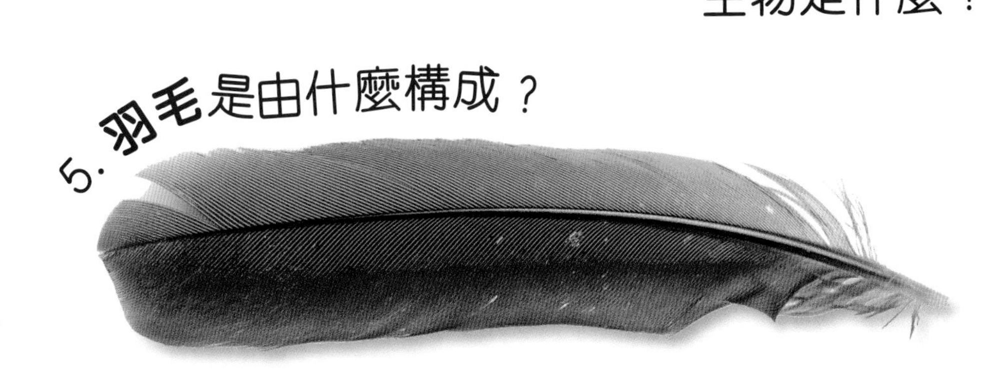

2. **蝴蝶**一生經歷了多少個不同的生命階段？

7. 把我們**拉向地球**的力是什麼？

8. **石蕊試紙**的用途是什麼？

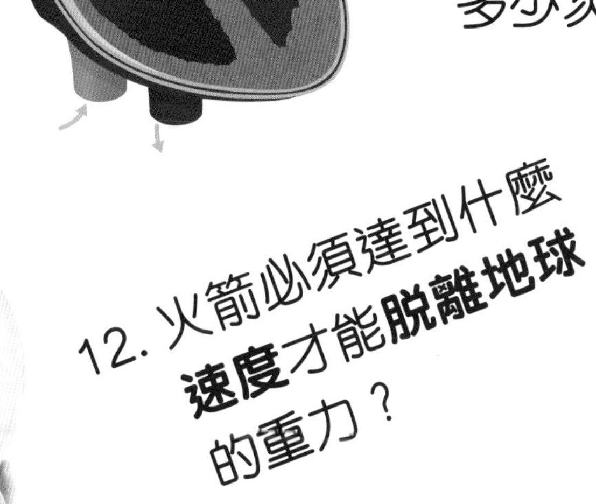

10. 心臟每分鐘**泵血**多少次？

11. 兩種或以上**金屬**的**混合物**叫做什麼？

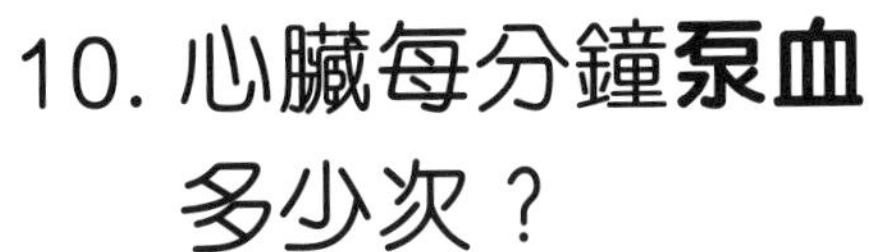

12. 火箭必須達到什麼**速度**才能**脫離地球**的重力？

14. 地球表面被水覆蓋的面積有多少？

13. **空氣**從哪裏進入我們的**身體**？

答案

1. 氫氯酸。

2. 卵、毛蟲、蛹和蝴蝶**4個**階段。

6. 固體。

12. 必須達到每小時40,000公里——比賽車的速度**快125倍**！

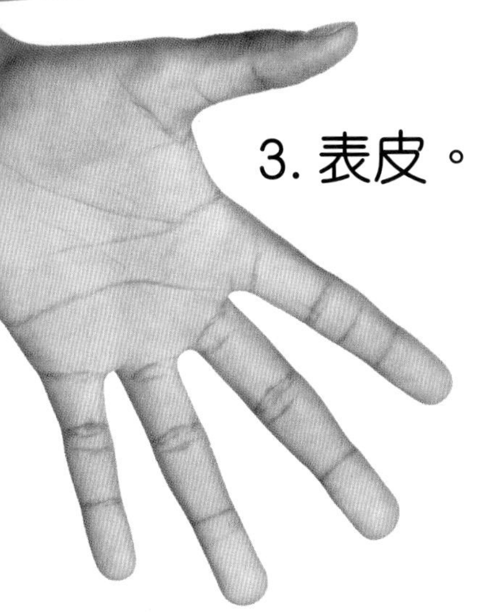

3. 表皮。

4. 細菌。

5. 角蛋白——與構成**指甲**的物料相同。

7. 重力。

8. 用來測試某液體是**酸性**或**鹼性**。

9. 靜電。

10. 心臟每分鐘大約泵血**80次**。

11. 合金。

14. 超過**三分之二**。

13. 透過我們的**嘴巴**和**鼻子**。

全書答案

第7頁
1 錯。生物學才是研究生物的學科。
2 對。

第10頁
1 錯。象龜可以生存200多年，但有些水生動物還可活得更久。
2 對。
3 對。

第13頁
無脊椎動物。

第15頁
1 對。
2 錯。不是所有真菌都需要顯微鏡才能看見。
3 對。

第17頁
1 對。
2 錯。當植物的葉子長出來後，它們便需要陽光才能生長。
3 對。

第19頁
1 對。
2 錯。帽貝是利用黏液和強力的腹足緊附在岩石上。
3 錯。蜘蛛腳上長有類似毛髮的小鈎。

第21頁
1 錯。大多數成年昆蟲都長有翅膀，但蜘蛛沒有。
2 對。
3 對。

第23頁
鴕鳥。

第25頁
1 錯。有些哺乳類動物住在大海裏。
2 錯。只有哺乳類動物身上才長有毛皮。
3 對。

第27頁
1 錯。雌獅負責大部分狩獵。
2 對。
3 錯。大部分野生獅子住在非洲，澳洲卻沒有。

第29頁
1 對。
2 對。
3 對。蝴蝶的舌頭在腳上。
4 對。

第31頁
1 錯。企鵝住在南極，而不是北極。
2 對。
3 錯。北極熊住在北極。

第32頁
1 化石非常罕見是因為大多數死去的恐龍都被吃掉或腐爛了。
2 可以，牠們會保存在琥珀（樹液的化石）中。
3 糞化石。

第37頁
1 紅血球。
2 消化系統。
3 皮膚。
4 有。

第39頁
1 對。
2 對。
3 對。

第41頁
1 22塊骨頭。
2 手。
3 中耳。

第43頁
1 對。
2 錯。二頭肌在我們的手臂上。
3 錯。肌肉只可以拉，不可以推。

第45頁
1 來自空氣，植物會製造氧氣並釋放在空氣中。
2 23,000次。
3 肺泡。

第47頁
1 錯。
2 錯。血細胞是在骨頭裏製造的。
3 對。
4 對。

第48頁
1 腸部肌肉會透過擠壓來移動食物。
2 糖。它是其中一種碳水化合物。
3 需要1至3天。
4 消化系統。

第51頁
1 大腦會把記憶存起來，以及刪除無用的信息。
2 兩個半球。
3 古埃及人製作木乃伊時，會從鼻子把大腦拉出來。
4 海豚。

第53頁
1 錯。你的頂層皮膚會每月更新一次。
2 對。
3 錯。一組小割痕稱為擦傷。

第55頁
1 白血球。
2 扁桃腺會抓住並對抗進入口腔的病菌。
3 唾液可以殺死病菌。

第59頁
1 中子。
2 核能。
3 分子。

第60頁
1 凝固。
2 固體。
3 水銀。
4 固態是冰，液態是水，氣態是水蒸氣。

第63頁
1 不能，人類飲用海水可能會導致死亡。
2 不是，河流和湖泊中的是淡水。
3 蒸發。

第65頁
生銹。

第67頁
1 對。
2 錯。全球循環再造的塑膠不足20%。
3 對。

第69頁
1 對。
2 對。
3 錯。所有煙花都使用化學反應。
4 對。

第71頁
1 對。
2 對。
3 對。

第75頁
1 太陽。
2 可再生能源。
3 核能。
4 焦耳（J）。

第77頁
當光線被物體阻擋，無法從它表面反射出來而產生的黑暗範圍，就是影子。

第79頁
1 可以。
2 因為蜜蜂的翅膀在振動，所以會發出嗡嗡聲。
3 喉頭。

第81頁

1 輻射或對流。
2 傳導。
3 融化。

第83頁

1 導電體。
2 絕緣體。
3 由可移動的帶電粒子（即電子）造成。
4 靜電。

第85頁

保險絲。

第87頁

1 對。
2 對。
3 錯。正電荷會與負電荷黏在一起。

第89頁

1 對。
2 對。
3 錯。人們不會把倉鼠輪連接到發電機。

第90頁

1 化石燃料。
2 地底。
3 煤礦。

第95頁

1 對。
2 對。
3 錯。當力達到平衡時，物體會靜止不動或是以恆速移動。

第97頁

1 對。
2 對。
3 對。

第99頁

1 錯。磁鐵的一端是北極，另一端是南極。
2 對。
3 錯。鋁不是磁性金屬。

第101頁

1 對。
2 錯。烏鴉不懂得使用槓桿。
3 對。

第102頁

1 超過十億輛。
2 它會燃燒起來。
3 原油。

第105頁

1 重力是一種固定的力，它並不會改變。
2 加速。
3 它會以恆速移動或保持靜止。

第106頁

1 機翼的形狀能把空氣向下推。
2 重力。
3 水平尾翼能使飛機保持平穩。

第110頁

1 對。
2 錯。我們只能挖至地球的頂層——地殼。
3 對。
4 對。

第112頁

1 地震儀。
2 黎克特制。
3 張裂、聚合和錯動。

第115頁

旱災。

第117頁

1 錯。最大的海洋是太平洋。
2 對。
3 對。
4 對。

第119頁

1 這是因為陸地吸熱的速度比水快。
2 熱帶氣旋。
3 蒲氏風級。

第121頁

1 因為熱帶氣旋需要温暖而潮濕的空氣才能形成。
2 眼壁。
3 風速必須至少達到每小時120公里，才能稱為熱帶氣旋。

第122頁

1 對。
2 錯。其他行星也有大氣層，例如木星和金星。
3 對。
4 對。

第125頁

尼爾．岩士唐。

第127頁

1 金星。
2 因為太陽系外的其他行星距離我們太遠，沒辦法去。
3 系外行星。

第129頁

1 對。
2 對。
3 錯。太空中主要是空蕩蕩的空間。

第131頁

1 乾燥的太空食品可以保存一段長時間。待到了太空時，就會再次在食品裏加水。
2 俄羅斯太空犬萊卡。
3 火箭必須如此強大，才能脫離地球的重力。

中英對照索引

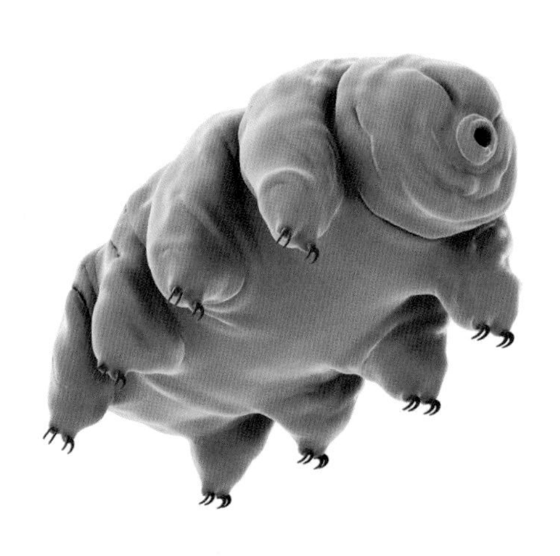
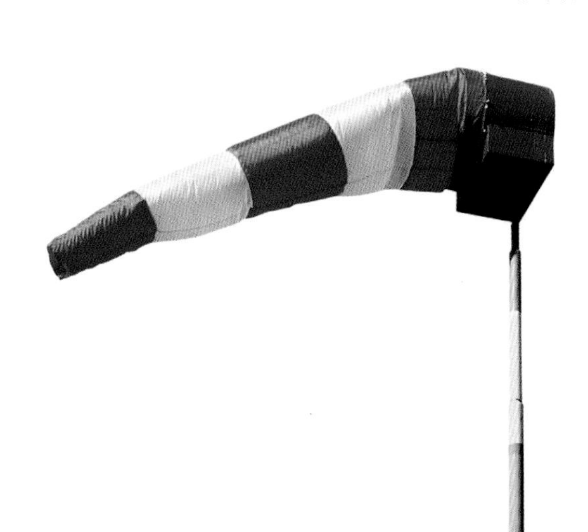
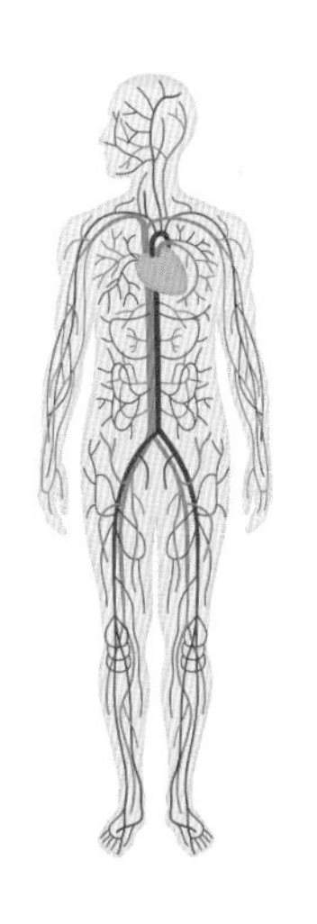

十一畫

十二畫

十三畫

十四畫

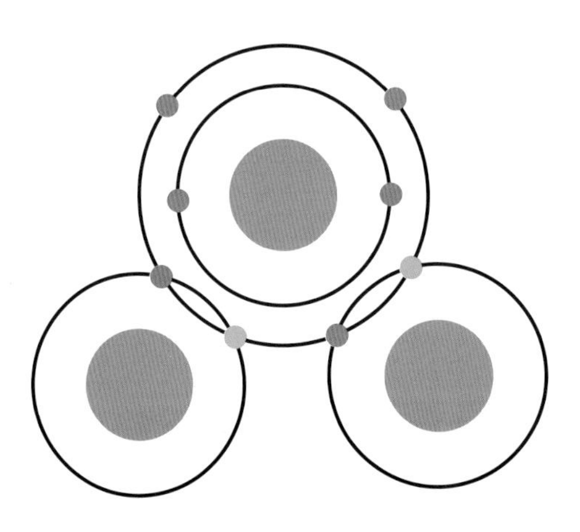

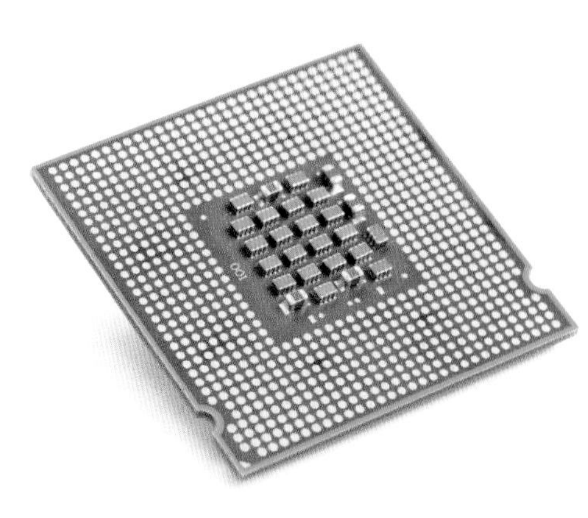

十五畫

十六畫

十七畫

十八畫

十九畫

二十畫

二十一畫

二十二畫

二十三畫

二十四畫

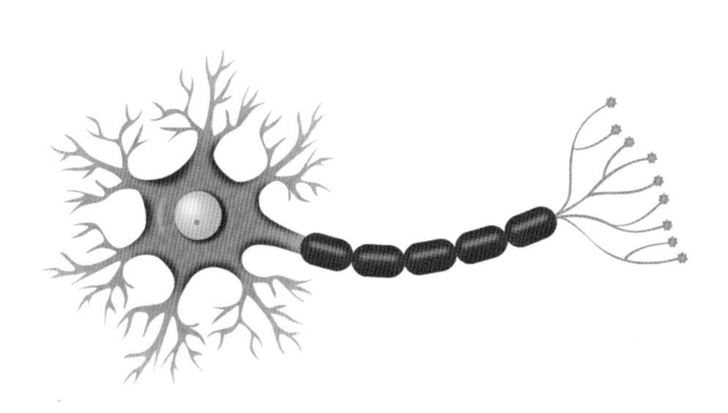

謹向以下單位致謝，他們都為這本中付出良多：

Caroline Hunt（校對）；Helen Peters（製作索引）；Rhys Maddox, Alex Bailey, Scott Biggs, Rose McCloskey of the Fulbridge Academy Staff（顧問）；Dr Alec Bennett FRMets, CMet（風和颱風知識支援）

The publisher would like to thank the following for their kind permission to reproduce their photographs:

(Key: a-above; b-below/bottom; c-centre; f-far; l-left; r-right; t-top)

2 Alamy Stock Photo: Kim Karpeles (cb). **Dreamstime.com:** Rob Stegmann / Geckophoto (crb). **3 Alamy Stock Photo:** Prisma Archivo (clb). **4 Dorling Kindersley:** Richard Leeney / Whipsnade Zoo (cra). **5 123RF.com:** Andrey Kryuchkov (cra); Steven Coling (ca); Fares Al Husseni (tr/Grass). **Depositphotos Inc:** Xalanx (tr). **7 Dreamstime.com:** Marcomayer (cra); Steven Melanson / Xscream1 (cr). **8 Dorling Kindersley:** Royal Tyrrell Museum of Palaeontology, Alberta, Canada (bl). **8-9 Dreamstime.com:** Steven Melanson / Xscream1 (t). **9 Dreamstime.com:** Wafuefotodesign (cr). **10-11 123RF.com:** Sergii Kolesnyk. **11 123RF.com:** Sebastian Kaulitzki (crb). **Getty Images:** David Shale / Nature Picture Library (br). **12 Dreamstime.com:** Iliuta Goean / Surub (bl); Rob Stegmann / Geckophoto (c). **12-13 Fotolia:** shama65 (c). **13 123RF.com:** Rafal Cichawa / rchphoto (cra). **Dreamstime.com:** Cathy Keifer / Cathykeifer (tc); Petergyure (cl); Wafuefotodesign (bc); Peter Wollinga (cr); Steven Melanson / Xscream1 (crb). **14 Alamy Stock Photo:** BSIP SA (cl). **Science Photo Library:** Dennis Kunkel Microscopy (clb). **15 Alamy Stock Photo. 16-17 Science Photo Library:** Nigel Cattlin (b). **17 123RF.com:** Maria Dryfhout (crb). **Alamy Stock Photo:** Nature Picture Library (bc). **Dorling Kindersley:** Claire Cordier (crb/Dandelion). **Dreamstime.com:** Dmitri Illarionov (cla). **18-19 naturepl.com:** Andy Sands. **18 123RF.com:** Chris Hill (bl); Tamara Kulikova (bc). **19 Science Photo Library:** Juergen Berger (cra). **20-21 Getty Images:** Karthik photography. **22 123RF.com:** T.W. Woodruff (bl). **Dorling Kindersley:** Natural History Museum, London (cra). **Dreamstime.com:** Alfredo Falcone (bc); Siloto (cr). **Science Photo Library:** Dennis Kunkel Microscopy (c). **22-23 Dorling Kindersley:** Richard Leeney / Whipsnade Zoo. **24-25 Depositphotos Inc:** Gudkovandrey. **24 Dreamstime.com:** Anke Van Wyk (crb). **25 Alamy Stock Photo:** Dominique Braud / Dembinsky Photo Associates (cra); Karen Debler (crb). **Depositphotos Inc:** enigma.art (cb). **Robert Harding Picture Library:** Philip Price (ca). **26-27 Getty Images:** Manoj Shah (b). **27 123RF.com:** edan (cla); Sergej Razvodovskij (ca). **28 Alamy Stock Photo:** SConcepts (bl). **29 123RF.com:** Ivan Martynyuk (cra). **Dreamstime.com:** Holger Leyrer / Leyrer (cr). **30 Science Photo Library:** Power and Syred (crb). **30-31 123RF.com:** Iakov Filimonov / jackf. **31 Alamy Stock Photo:** Florilegius (cra). **Dorling Kindersley:** Royal British Columbia Museum, Victoria, Canada (cr). **32-33 Dorling Kindersley:** Royal Tyrrell Museum of Palaeontology, Alberta, Canada. **33 Alamy Stock Photo:** Corbin17 (crb). **Dorling Kindersley:** Dan Crisp (ca). **Getty Images:** Scientifica (br). **34 Dorling Kindersley:** Arran Lewis (t). **34-35 Dreamstime.com:** Sebastian Kaulitzki / Eraxion (b). **35 Dreamstime.com:** Alexstar (t). **36 Science Photo Library:** Microscape (cr). **37 Dreamstime.com:** Sebastian Kaulitzki / Eraxion (cla). **Science Photo Library:** (ca). **40-41 Dorling Kindersley:** Arran Lewis. **40 Fotolia:** Yaumenenka / eAlisa (clb). **Getty Images:** Susumu Nishinaga (br). **43 123RF.com:** Oleg Mikhaylov (cla); Sergey Novikov (ca). **44 Dreamstime.com:** Karl Daniels / Webphoto99 (bl). **Getty Images:** Danita Delimont (clb). **46 Dreamstime.com:** Alexstar (clb); Sebastian Kaulitzki / Eraxion (bl). **49 Dreamstime.com:** Edvard Molnar / Edvard76 (cr). **52 Getty Images:** Image Source (bl). **53 123RF.com:** Suttha Burawonk (cla). **55 123RF.com:** didecs (cr). **Alamy Stock Photo:** Nir Alon (cra). **56 Dreamstime.com:** Christopher Wood / Chriswood44 (b). **56-57 Dreamstime.com:** Dmitry Islentyev (t). **57 Dreamstime.com:** Eugenesergeev (cr). **58 Alamy Stock Photo:** STOCKFOLIO (clb); VIEW Pictures Ltd (bl). **60-61 123RF.com:** Gustavo Andrade. **61 Dreamstime.com:** Christopher Wood / Chriswood44 (ca); Pablo Hidalgo / Pxhidalgo (cra). **62-63 123RF.com:** Ksenia Ragozina. **65 Dorling Kindersley:** Booth Museum of Natural History (cra). **Dreamstime.com:** Eugenesergeev (ca). **66-67 Getty Images:** Wakila. **68-69 Dreamstime.com:** Dmitry Islentyev (b). **69 Dreamstime.com:** Artem Gorohov / Agorohov (cla). **70-71 Dreamstime.com:** Maglara (b). **72 Dreamstime.com:** Lkordela (t). **72-73 iStockphoto.com:** KeithSzafranski (b). **73 123RF.com:** jezper (t). **74 iStockphoto.com:** KeithSzafranski. **75 Dreamstime.com:** Lkordela (cra); Meryll (cr). **76 Alamy Stock Photo:** Prisma Archivo (clb). **Getty Images:** mfto (cb). **79 Depositphotos Inc:** phakimata (r). **iStockphoto.com:** marshalgonz (cb). **80 Alamy Stock Photo:** Nature Picture Library (bl). **iStockphoto.com:** MarcelC (clb). **80-81 123RF.com:** Steven Coling. **82 123RF.com:** jezper (ca); skylightpictures (ca/Dam). **Dreamstime.com:** Dmitry Kalinovsky / Kadmy (cla). **82-83 123RF.com:** Pornkamol Sirimongkolpanich / ,inlovepai. **85 123RF.com:** cobalt (cra). **Dreamstime.com:** Leung Cho Pan (cr). **86 iStockphoto.com:** adventtr (bl); chargerv8 (clb). **87 Alamy Stock Photo:** Blend Images. **88 123RF.com:** nimon thong-uthai (cb). **Dreamstime.com:** Dan Van Den Broeke / Dvande (clb). **91 123RF.com:** adam88x (c). **Dreamstime.com:** Anankkml (cla). **92 Getty Images:** skodonnell (b). **92-93 123RF.com:** Cyoginan (t). **95 Dreamstime.com:** Stu Porter / Stuporter (cla). **96-97 Alamy Stock Photo:** Frank11. **98 123RF.com:** Cyoginan (clb). **100 Alamy Stock Photo:** John James Wood (clb). **101 123RF.com:** Anyka (clb). **Alamy Stock Photo:** Kim Karpeles (crb). **PunchStock:** Digital Vision / Martin Poole (ca). **103 Dreamstime.com:** Danil Roudenko / Danr13 (crb). **104-105 Getty Images:** skodonnell. **106-107 Alamy Stock Photo:** cmtransport. **Dreamstime.com:** Stevanzz (Sky). **107 Dorling Kindersley:** NASA (cra). **108 NASA and The Hubble Heritage Team (AURA/STScl):** NASA, ESA, and S. Beckwith (STScl) and the HUDF Team (tr). **NASA:** Bill Ingalls (b). **109 Dreamstime.com:** Seaphotoart (c). **110 123RF.com:** Andrey Kryuchkov (c/Grass and soil); Fares Al Husseni (c). **Depositphotos Inc:** Xalanx (cl). **111 Dreamstime.com:** Paul Van Den Berg / Paulvandenberg71 (ca). **112-113 Alamy Stock Photo:** Tawatchai Khid-arn. **114 Dreamstime.com:** Massimiliano Agati (bl). **115 Dreamstime.com:** Antonprado (cra). **117 Alamy Stock Photo:** Paulo Oliveira (br). **Dreamstime.com:** Seaphotoart (crb). **iStockphoto.com:** BulentBARIS (crb/Twilight). **118-119 123RF.com:** vacclav. **119 123RF.com:** Stanislav Pepeliaev (ca). **121 Dreamstime.com:** Lastdays1 (cla). **Getty Images:** Kevin Horan (ca). **122 Dreamstime.com:** Andrey Armyagov (tr). **123 Dreamstime.com:** Emmanuel Carabott / Emmanuelcarabott (clb); Lars Christensen / C-foto (crb); Ulkass (crb/Clouds). **NASA:** ESA, and the Hubble Heritage Team (STScl / AURA) (t). **124-125 Dreamstime.com:** Patryk Kosmider. **124 NASA:** (clb); ESA, and A. Simon (NASA Goddard) (cl). **125 Alamy Stock Photo:** Dennis Hallinan (crb). **Dreamstime.com:** Ctitze (cl). **127 NASA:** (ca); Ames / SETI Institute / JPL-Caltech (cla). **128-129 NASA and The Hubble Heritage Team (AURA/STScl):** NASA, ESA, and S. Beckwith (STScl) and the HUDF Team. **129 Dreamstime.com:** Tedsstudio (crb). **Getty Images:** Joe McNally (cr). **130 NASA:** (c, bc, br). **130-131 NASA:** Bill Ingalls. **133 Alamy Stock Photo:** cmtransport (clb). **134 Alamy Stock Photo:** Blend Images (crb). **135 Dreamstime.com:** Picstudio (ca). **Fotolia:** dundanim (crb). **iStockphoto.com:** thawats (tl). **136 Getty Images:** skodonnell (cl). **136-137 NASA:** Carla Cioffi (b). **137 Dorling Kindersley:** The Science Museum, London (c). **Dreamstime.com:** Andrey Sukhachev / Nchuprin (tr). **iStockphoto.com:** Tashatuvango (clb). **140 Dreamstime.com:** Andrey Armyagov (br). **Getty Images:** mfto (bc). **141 123RF.com:** Oleg Mikhaylov (bl); Stanislav Pepeliaev (bc); Sebastian Kaulitzki (bc/Water bear). **142 123RF.com:** didecs (br). **Dreamstime.com:** Leung Cho Pan (cb). **143 123RF.com:** Iakov Filimonov / jackf (br). **Dreamstime.com:** Iliuta Goean / Surub (cb).

Endpapers: Dreamstime.com: Irochka

Cover images: *Front:* **123RF.com: phive2015 cb; Fotolia: valdis torms clb; Getty Images: skodonnell (b).** *Back:* **Alamy Stock Photo: cmtransport cra; Depositphotos Inc: Gudkovandrey bl; Dreamstime.com: Gino Santa Maria tl, Leung Cho Pan cb, Patryk Kosmider tr**

All other images Dorling Kindersley
For further information see: www.dkimages.com

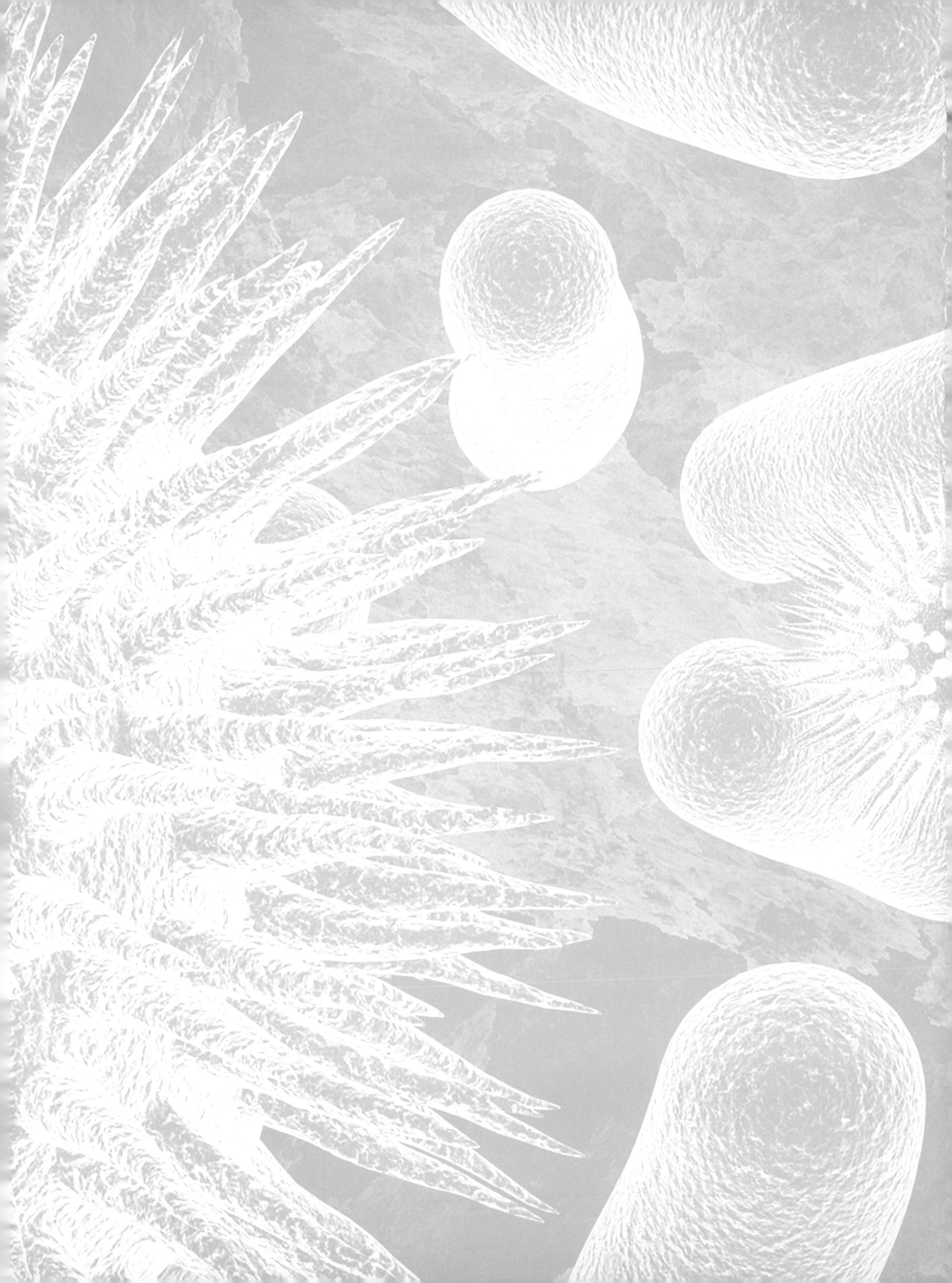